水力脉冲波协同解堵技术理论与应用

何延龙 著

中国石化出版社

图书在版编目（CIP）数据

水力脉冲波协同解堵技术理论与应用 / 何延龙著.
—北京：中国石化出版社，2018. 7
ISBN 978-7-5114-4953-5

Ⅰ. ①水… Ⅱ. ①何… Ⅲ. ①石油开采-水力振动-水动力学-研究 Ⅳ. ①TE357. 1

中国版本图书馆 CIP 数据核字（2018）第 156603 号

中国石化出版社出版发行
地址：北京市朝阳区吉市口路 9 号
邮编：100020　电话：(010)59964500
发行部电话：(010)59964526
http://www. sinopec-press. com
E-mail：press@ sinopec. com
北京富泰印刷有限责任公司印刷
全国各地新华书店经销
*
787×1092 毫米 16 开本 10. 75 印张 229 千字
2018 年 8 月第 1 版　2018 年 8 月第 1 次印刷
定价：52. 00 元

前　言

由于油藏本身流体及储层岩石矿物组成特点的不同，在注水、注汽等一系列开发过程中，由于储层温度、压力以及储层流体性质和注入流体性质的变化极易引起不同类型的储层伤害。针对发育较差且敏感性强的储层，高温、高压、碱性、酸性、矿化度差异较大的流体在注入过程中很可能会使得各类岩石矿物发生溶解、膨胀与转化等，同时储层孔隙中的颗粒在流体的作用下会发生沉积、运移甚至堵塞；同时，由于开发过程中地层温度和压力的变化容易引发储层中沥青质、胶质、石蜡等有机物沉积，沉积的重质组分极易与储层中的岩石矿物发生吸附，形成有机堵塞，沥青质的吸附还可能导致岩石发生润湿性反转，储层受到伤害，从而使油藏流体在储层中的渗流阻力增大，这些不同种类的储层伤害会使储层渗透率和孔隙度下降，从而导致注水、注汽困难。

针对常见的堵塞类型(无机堵塞物和有机堵塞物)，所采取的降压增注措施较为广泛，包含注黏土稳定剂、泡沫酸洗、复合酸化、声波助排、混排气举、压裂地填、注稠油降黏剂和薄膜扩展剂等。水力脉冲波解堵技术是一种物理法解堵技术，其穿透作用距离大，在水力脉冲波作用下储层中的流体和堵塞颗粒发生快速往复振动，堵塞物脱离储层孔道表面；当污染物及时排出后，油层渗透性明显提高，该解堵技术曾成功应用于污染储层的解堵过程中。目前，应用于油水井近井地带的解堵具有很好的效果，同时具有简单、易行、投入少、见效快且不会给油田带来新的污染等优点。水力脉冲波协同化学解堵剂复合增产技术是将振源产生的水力脉冲波与化学增产措施相结合，进行复杂油气田开发的一种新型复合增产技术。脉冲作用可以使井壁周围或炮眼附近堵塞物不能形成或抑制其形成，是一种“动态解堵”工程。将大功率的脉冲波与化学解堵剂有机结合，不仅可以提高化学作用效果，而且可以延长化学作用距离，既有利于渗流，又减少或抑制了堵塞物的二次形成。因此，采用水力脉冲波协同解堵增产技术，可以有效地清洗炮眼，解除近井地带堵塞，复合作用远远好于单独作用的效果，使增产措施的作用效果得到大幅度提高。

本书以波动力学、弹性力学、渗流力学、分形几何学、化学反应动力学等多学科理论为基础，系统介绍了水力脉冲波发生器设计及性能优化(第二章)、水力脉冲波发生器动力学特征(第三章)、水力脉冲波实验装置及实验方法(第四章)、水力脉冲波对颗粒的微观解堵动力学(第五章)、水力脉冲波协同酸化岩矿溶蚀动力学(第六章)、水力脉冲波协同酸化动力学(第七章)和水力脉冲波协同解吸剂沥青质解堵动力学(第八章);并基于室内研究成果，对水力脉冲波协同化学解堵技术现场应用情况(第九章)进行了介绍。

本书由“西安石油大学优秀学术著作出版基金”和“陕西省自然科学基础研究计划——一般项目(青年)(编号：2018JQ5208)”资助出版，所涉及的内容主要来自于作者及所在研究团队成员的研究成果，部分内容参考了近年来国内外同行、专家在这一领域公开出版或发表的相关研究成果；同时，本书得到西安石油大学石油工程学院、教务处、科技处以及中国石化出版社的大力支持；另外，石油工程学院的各位前辈和同仁也对本书的编写提出了宝贵的意见和建议，在此一并致以诚挚的谢意。

本书在撰写和取材上理论联系实际，实用性较强，可供从事油气田开发的工程技术人员、研究人员参考，由于水力脉冲波协同解堵技术所涉及的学科较多，在理论和应用方面尚存在许多问题需进一步探讨和完善，加之作者水平有限，欠妥之处在所难免，敬请读者不吝指正，使之不断完善。

目　　录

第一章　概　　述

目前，可应用的物理法采油技术已越来越多，并且在现场取得了较好的应用效果，如高能气体压裂法、水力振荡和机械振荡增产技术、井下超声波增产技术、井下脉冲放电增产技术（低频）等技术。但是，鉴于采油技术自身的特点以及措施井内的具体情况，这些方法在现场中的应用也存在一定的局限性，均有一定的适用范围。例如：高能气体压裂法适合于脆性且泥质含量少的地层，最适合于灰岩地层，且要求井的强度足够大；水力振荡增产技术主要用于注水井，可处理半径较小的地层，能够清除固体颗粒物等的堵塞；井下超声波增产技术不易处理气油比较高的油层，井上要有电源；井下脉冲放电增产技术在地层胶结好、孔隙度小、渗透率大、原油黏度小的条件下应用效果更好。水力脉冲解堵技术有利于流体在岩石孔隙中的流动，可避免或降低沉积物再次形成，保证化学处理方法获得最佳的效果，延长其有效作用时间；在二者协同效应的作用下，水力脉冲-化学复合解堵技术的应用效果远远好于水力脉冲波解堵或化学解堵技术单独作用时的效果。

第一节　水力脉冲波处理油层技术研究现状

物理法采油技术起源于 20 世纪 50 年代，目前已趋于成熟并形成了一定的生产能力，常见的物理法采油技术包括超声波采油技术、水力振荡采油技术、水力冲击处理油层技术、水力脉冲振动解堵技术、自激波动技术、低频谐振波强化开采技术等。水力脉冲波解堵技术主要用于解除在油水井近井地带的堵塞，其中包括钻井泥浆、机械杂质和沥青胶质沉积等。该项成果具有简单易行、经济效益高且不会对储层造成污染等其他化学解堵方法所不具有的优点。

前苏联的石油工作者曾将水力脉冲技术作为一种有效处理油水井近井地带，且应用最为广泛的技术之一，其中自 1957 年就开始致力于关于水力振动对地层模型作用的科研工作，并初步认识了水力脉冲波对地层的作用机理及相关特性，并在低渗透油田的低产、低能井区首次成功应用了水力脉冲波振动技术，矿场试验表明，该项技术处理油水井近井地带效果显著。1967 年，前苏联首次将低频波弹性振动处理近井地带技术应用于现场试验，处理了近 5000 余口油水井，原油增产超过 500×10^4t，配注量增加超过 150×10^4m^3，平均有效期在一年以上。1977 年，前苏联的研究者们对声波处理井底地带的工艺进行研究和试验，研究结果表明，声波作用于地层，在地层中产生了声场和热场，有效作用范围内的地层受到了双重辐射作用，所产生的热量足以使沉积的石蜡-胶质等发生溶解。20 世纪 90 年代后，前苏联的水力振动采油技术已逐步发展为广泛应用的处理油水井近井地带的有效方法，且随着科学技术的发展，水力振动器的振动强度（越来越大）与频率（越来越低）范围在逐渐扩展、改善，同时与自动化技术以及酸化、水力压裂等强化增产措施进行复合应用，进一步加强了该项技术的近井地带处理作用效果。目前，俄罗斯研究并设计了频率范围为 50~500Hz，压力峰值高达 20MPa 的井下射流泵。阿塞拜疆等国家的油井现场作业统计资料表明，1967~1982 年期间，应用水力脉冲波振动法的油井取得了较好的经济效益，原油增产超过 280×10^4t，配注量增加超过 $2200\times10^4m^3$。1982 年以来，在乌克兰的各油田成功地试验了水力射流泵处理油层的新技术，处理成功率高达 80%以上，注水能力提高一倍左右，产量提高 0.5 倍以上。

美国的 Bodine 等于 1948~1989 年进行了大量的有关振动采油机理及设备的研究与设计，由加利福尼亚大学伯克利分校联合的多家科研院所研究了不同低频波动的频率对岩心的影响规律，并在加州的 Center Valley 成功进行了矿场先导性实验；同时，将井下压力波技术应用于 Wellinton 油田的一口井，开展了长达六个月的现场试验，结果发现这口井附近的 8 口油井生产状况均有所改善，其中一口油井的日产量由 $10m^3$ 提高到 $13.5m^3$。加拿大的相关研究学者则主要开展了振动采油在稠油开采方面的研究工作，其中包括阿尔伯塔大学的 Spanos 教授等和滑铁卢大学的 Dusseault 教授等都做了大量的深入研究工作，并于 1997 年开展了针对稠油油藏的压力脉冲技术的相关实验，一年后与 PE-TECH 公司合作，开展了矿场的单井试验并进行了全油田范围内的推广应用。

水力脉冲解堵技术在国内的起步相对较晚，但其先后成功应用于吉林、大庆、辽河、胜利、长庆等多个油田，经济有效率高达 85%以上。水力脉冲解堵技术具有作业简便、易行，经济效益显著，不会对储层造成新伤害，现场适应性强等优点。1990 年，大港油田和中国石油大学成功合作进行了水力脉冲解堵的相关研究，并在枣园油田的枣南作业区块针对其中的 6 口注水井开展了水力脉冲解堵试验，成功率达 100%。1991 年，吉林油田在国外研究成果的基础上提出了一种新的水力振动增产技术。1994 年以来，西安石油大学的蒲春生等开展了一系列针对水力脉冲波原理及设备的研究和设计，先后研究了三代水力脉冲发生器，并在长庆、青海和胜利等多个油田得到了成功应用。2000 年，中国石油大学（华东）与大港油田联合研发了一种新型的水力振荡解堵器，并将无源流体连续振荡技术成功地应用于油水井近井地带的解堵过程。2001 年，张人雄等研究了采用低频脉冲声波技术处理岩心的作用效果，说明低频声波具有造缝，增加孔喉连通性能，清除地层堵塞物等作用。2003 年，张建国等通过对前期研究成果的优化，设计出一种可以实现低频率振动的水力振动器，增强了低频水力振动器矿场应用的可靠有效性，解堵效果较为显著。2002 年，胜利油田将水力脉冲解堵技术应用于防砂井的解堵作业中，矿场应用效果表明小直径的振荡器不但具有解除油水井近井地带堵塞、污染等的能力，而且还能够避免化学解堵法造成的地层污染及其对油套管的损害，同时在孤东采油厂开展了共计 12 个井次的注汽高压井水力振动解堵的降压增注矿场试验，有效率达 100%，平均注汽压力下降 2MPa，累计增油 1000t 以上，该技术实施后降压和注汽效果得到极大地改善，表明水力脉冲解堵降压工艺具有对稠油注汽高压井的适用性和有效性。2006 年，梁春等针对吉林油田储层开发特征及主要的堵塞物类型，提出了一种新型水力振动解堵油层技术，主要依靠水力振动作用解除近井带的油层孔道堵塞，以实现油井的增产。2010 年，大庆油田针对污染井的近井地带实施了低频声波振动采油增产措施，矿场试验应用 20 余口井，累计增油量 1500t。

第二节　水力脉冲技术作用机理研究现状

水力脉冲技术主要是利用脉冲水流对储层中的各类堵塞物进行解堵的工艺技术，其主要的增产作用表现在以下几个方面：

(1)提高了不同压力梯度条件下多孔介质中流体的流动速度。

(2)克服毛管阻力，解除了井眼周围的孔隙堵塞物。

(3)与多种解堵剂相结合，在进行高振幅干扰的同时，不断向井内注入解堵工作液体。

(4)通过高速剪切的内、外交替脉冲流动，有利于增大外界注入的流体与油藏本身流体的混合速率，加强了外界注入流体和油藏储层岩石间的相互作用，从而使储层堵塞物更容易从岩石表面剥蚀下来，然后被处理液溶蚀或溶解。

(5)通过多孔介质传播的膨胀波受到脉冲干扰的作用不断进行叠加，孔隙中的流体受到叠加波的作用，其有效流速和作用范围均增加，相应地增大了注入速度和波及体积，有利于提高采收率。

(6)在水力脉冲交变作用力条件下，工作液易出现“水击”现象，使得孔隙及岩石壁面上的沉积物较易被剥蚀下来。

近些年来，国内学者在水力脉冲波传播机理方面取得了一些研究进展。王瑞飞等通过相关实验对低频水力脉冲波在岩心中的时域、频域及振幅分析，得到了水力脉冲波在岩心中的传播规律，基于此规律推导了相关参数的数学函数关系式，最终建立了低频水力脉冲波在地层中传播的衰减预测模型。贺如等建立了基于液-固耦合等因素的低频水力脉冲波在地层中传播的数学模型，以及得到了在低频水力振动处于小振幅的前提条件下，其振幅的衰减幅度和速度与振动频率、储层渗透率、流体黏度及振源振幅的变化关系。张荣军等建立了基于流体动力学等理论的地层、流体和振动参数之间的耦合模型，得出了在可压缩地层中微可压缩单相流体的平面一维及平面径向渗流方程的解析解，振动效果和各参数之间的关系，采用边界条件下的拟稳态平面产能公式计算了平均油井产量，计算结果和油田现场的相关数据基本吻合。

20世纪90年代，刘洪军等认为，水力脉冲波是流体运动中的“水击”现象，水击压力直接作用在岩石上，可使岩石发生破碎，产生不同的微裂缝；同时，脉冲压力波在储层中传递，不断地使孔隙壁面与孔隙内的液体之间进行交变扰动和脉冲剪切，改变了液体的流变特性，达到对储层内液体的降黏效果。液体在水力冲击的作用下发生快速扰动，有效地冲击孔道壁面上的堵塞物。储层孔隙通道在水力脉冲波作用下得以畅通，从而达到解堵增产的效果。张光伟等建立了一种堵塞孔隙结构的物理模型，推导得到了储层微孔隙中流体的波动方程，并提出了“压力主振型”和“流量主振型”两个概念，通过模拟仿真的方法从振动理论的角度解释了水力脉冲波解堵的作用机制。梁春等提出波场作用地层时主要有两种基本形式，一是激发储层本身产生振动，二是水动力产生的液压波，而水动力产生的液压波在油层中传播则主要以振动和冲击两种作用使得储层中的介质发生振动，沉积在孔隙壁表面上的颗粒黏附物在不断地反复振动作用下逐渐剥离，并分散到液体中被不断采出，最终达到解堵增产的效果。蒲家宁等基于前人研究的成果，提出了脉冲水射流水力共振理论，并表示在特定条件下振荡型瞬变流会产生水力共振现象。蒲春生等提出井下低频水力脉冲的振源是通过井口泵入的脉冲流体来提供，作用于储层中的方式则主要为：井下振动器自身所产生的纵向位移以及连续的高压脉冲水流所产生的横向水力冲击。在双重振动交互作用下，储层中的微裂缝不断进行延伸，孔隙内的流体的流动性能增强，同时在此过程中发生了空化、改善润湿性等现象，最终达到水井增注、油井增产的显著效果。

第三节　化学解堵动力学研究现状

油气田开发过程中所形成的无机垢包括黏土矿物膨胀，矿物的转化溶解沉淀，地层岩石微粒的运移、水垢等所引起的，主要成分为蒙脱石、高岭石、伊利石、石英、长石等的硅铝垢，以及由地层水矿化度高而导致的包括碳酸钙、硫酸钙及氢氧化钙等，对于无机垢的化学去除方法可以采用酸液体系；而地层中所形成的有机垢包括由于井筒附近压力、温度和化学组成的变化引起的孔隙中沥青质、胶质和石蜡等有机物的沉积等。对于有机垢的解除可以采取物理波动法、微生物法和化学法。化学法主要是采用沥青质分散解吸剂、抑制剂等。

目前，无机堵塞的化学解堵动力学多是基于酸岩反应动力学而开展研究，酸岩反应动力学研究进展如下：

在砂岩酸化热力学和动力学方面，Fogler、Lund 和 Mccune 等在单一岩石矿物酸岩反应的基础之上，提出了一系列不同的砂岩酸岩反应动力学方程，同时氢氟酸与石英砂的反应动力学、氢氟酸与长石的反应动力学，以及黏土的反应动力学都已有报道。对 *HF* 浓度的依赖关系是一级。

Labrid 通过对砂岩和氢氟酸的反应平衡常数计算，建立了酸岩反应过程中各种岩石矿物和酸液及产物的关系，主要的产物为 H_2SiF_6 及少量的胶态 SiO_2；黏土矿物发生酸岩反应后晶格改变均匀，形成了氟化络合物，同时 Hekim 和 Fogler 研究了土酸与各种岩石及黏土矿物的化学反应计量关系。

近年来，国外通过应用核磁共振、分维数试验、氢氟酸的化学计量学计算等方法并结合酸液流动模拟试验等研究了氢氟酸和氟硅酸同砂岩的反应机理。1995 年以来，Rick Gdanski 和 Gdanski R 等的研究结果表明，将酸岩反应中的过程分为三次，从而发现氢氟酸的一次、二次反应速率主要受氟化硅、氟化铝和盐酸之间的化学平衡而控制。

1987 年，樊勇等曾就实际砂岩岩心在土酸中的溶解动力学进行实验研究。1996 年，张黎明等利用表面化学和化学动力学理论，提出了硅质岩石矿物在土酸中的溶解动力学机理模型；该模型能较好地解释实验得到的动力学方程及速率理论计算结果。2000 年，王宝峰等结合岩心酸化流动模拟实验和 ICP 残酸离子分析，拟合了残酸中的硅离子浓度来研究氢氟酸与石英的反应动力学。深入认识各类岩石及黏土矿物，氢氟酸与铝硅酸盐的反应动力学，对于优化氢氟酸酸化施工过程中的参数是十分必要的。2006 年，刘德新等通过室内实验研究了缓速土酸与河砂颗粒的酸岩反应过程，根据实验数据拟合，得到河砂颗粒的溶蚀量、酸岩反应速率和粒度分布之间的关系，同时基于酸岩反应实验，建立了酸岩反应动力学模型。

在酸化数学模型方面，自1969年Schechter和Gidley等建立了描述砂岩反应的毛细管模型以来，Willams和Whiteley、Hill，Lbarid，Lund和Fogier，Hkeim和Folger，Taha，赵立强、任书泉，Byrnat，Walsh，Li. Y，Sevougian S. D和Lake，L. W和Murtaza Ziauddin等相继建立了描述在地层多孔介质注入酸液后，孔隙结构中酸及矿物浓度分布的数学模型；这些酸化数学模型包括毛细管模型、慢反应模型、改进的毛细管模型、动力学模型、集总参数模型、分布参数模型、非均质模型、砂岩基质酸化(两酸三矿物)模型及地球化学模型等。酸化模型在逐渐不断地完善和改进，向着逐渐与酸化反应中的实际反应情况贴近，计算求解相对简便的方向发展。

目前，国内外对沥青质沉积、吸附和分散的研究机理做了一定的研究，尤其在沥青质沉积机理及模型研究方面做了大量研究，并建立了多种沥青质沉积模型，而在吸附和分散动力学方面研究却很少。

在沥青质沉积数学模型的研究方面，Hirschberg等和Kabir等基于F1ory -Huggins溶液理论建立了沥青质沉积的溶解度模型；Gupta等和Thomas等分别建立了沥青质沉积的固体模型；随着对沥青质沉积机理认识的逐渐加深，20世纪80年代以来，Leontaritis、Puvvada和Firoozabadi等先后提出了表征沥青质沉积的胶体溶液模型；Chung和Thomas等根据热力学原理以及溶液理论，提出了预测石蜡-沥青质沉积的统一热力学模型。

在沥青质吸附及分散机理研究方面，Collins等通过实验的测定结果发现，沥青质在高岭石上的吸附是单分子层吸附，其吸附等温线符合Langmuir方程，且水膜的存在会抑制沥青质在高岭石表面的吸附。Buckley等通过室内实验研究了不同条件下沥青质在岩石矿物表面的沉积及吸附情况，并揭示了沥青质在油藏条件下的岩石表面的沉积吸附机理，认为沉积和吸附导致的岩石润湿性变化是岩石储层损害的主要原因之一。Nellensteyn于1924年首次提出将渣油和沥青作为胶体体系进行研究，研究者们尝试用各种实验方法研究沥青质在溶剂和石油体系中的分散状态，为了定量化描述，人们还试图建立相关的模型，具体的研究方法包括：沥青质胶溶性能分析法(絮凝比-稀释度法、分光光度法及沥青质沉淀时间法)、流体力学参数法(特性黏度及对比黏度)、平均分子质量测定法(GPC、VPO)、光电显微分析法(SAXS、SANS、TEM、SEM)等。于维钊等考察在正庚烷、甲苯和吡啶3种溶剂环境中沥青质分子在岩石表面的吸附情况，采用分子动力学模拟方法，对羟基化石英表面上的沥青质分子吸附机理进行了研究，实验结果表明：正庚烷中沥青质在羟基化石英表面的吸附量最大，而在甲苯和吡啶中的沥青质吸附量相对较小；库仑相互作用能决定了沥青质在石英表面的吸附能力，而范德华相互作用则是沥青质与溶剂的主要相互作用。张磊等总结了石油沥青质的吸附机理，认为石油胶体体系、岩石矿物表面特征及水介质环境等因素影响了石油沥青质的吸附。沥青质主要通过氢键、范德华力、配位作用、偶极-偶极作用、离子交换等作用力在矿石表面进行吸附。常用吸附模型(吸附定温式)对沥青质的吸附机理加以描述，其中包括Langmuir定温式、BET定温式和弗伦德利希(Freundlieh)定温式。丁福臣等利用流体力学参数法对石油沥青质的胶体分散特性进行研究，通过室内实验研究沥青质在有机溶剂中的流变学规律及其分散状况，最终计算了沥青质在有机溶剂中的缔和参数。鞠斌山等在国外用溶剂法开采沥青的油藏数值模拟研究基础上，建立了一个适合模拟用有机溶剂解除近井带油层有机堵塞的数学模型，利用有限差分法对模型进行了数值求解，模拟了油田现场具体实例，结果表明该模型对油田现场的有机解堵应用参数的确定提供了一定的理论依据。

第四节 水力脉冲波协同化学解堵技术应用现状

水力脉冲波协同化学解堵技术作为一种新型技术，国内外研究都较少，尤其是在解堵机理方面。2004 年，张荣军、蒲春生等针对孤东油田的稠油断块注汽压力普遍偏高的情况，首次提出了振动酸压复合作业解堵方法，对现场的注汽高压井采取了振动-酸压复合解堵措施，矿场实验结果表明：注汽压力下降平均值为 2.0MPa，注汽干度也提高了 53%，大部分注汽高压井实施措施后达到目前注汽设备的相应标准，该项复合解堵技术取得了较好的经济效益。2007 年，张建国等针对所存在的单一解堵措施难以达到预期的解堵效果，且有效期短等弊端；提出了一种新的解堵方式，即水气脉冲波复合化学解堵技术，通过室内实验筛选和研制了热化学解堵剂的配方，探讨了化学解堵剂和堵塞介质之间的反应作用机制，将化学解堵剂与水气脉冲波相结合的解堵技术成功应用于孤岛油田的现场试验，施工前后油井的产油量和单井产液量最高增加分别 6 倍和 7 倍多，有效增加了累计增油量，且延长了有效期。2009 年，董智涛等结合喇嘛甸油田的实际生产情况，提出了一种振动酸化解堵新技术，该项技术适用于低产、低效油水井近井处理，其包括两个技术关键：一是研制的井下具有双重振源的振动工具；二是优选的附有选择性的化学处理液-乳化酸液配方。低产、低效油水井的振动解堵技术将化学解堵与物理解堵相结合，两者相互协同、相互促进，有利于加强解堵效果；该项复合技术在喇嘛甸油田低产、低效井的现场应用取得了良好的解堵增油效果。2013 年，饶鹏、蒲春生等针对青海尕斯低渗透油田所存在的“注酸困难，酸化效果差”等问题，将井下振源产生的水力脉冲波与化学酸化增产技术相结合，提出了适用于复杂油气田开发的一项水力脉冲波协同化学新型复合增产技术，该项新型复合增产技术现场应用大幅度提高了低渗透油田油水井近井地带的酸化效果，为青海尕斯低渗透油田创造了较好的经济收益。

第二章　水力脉冲波发生器设计及性能优化

目前，国内外对水力脉冲波采油技术现场应用的主要设备——水力脉冲波发生器进行了广泛的研究，现已研制成包括超声波振动器、人工地面振动器、井下水力振动器等各种类型的增产设施。脉冲波在地层中的传播，实际上是能量在地层中的传播，由波的衰减规律易知，声波频率越高，其能量衰减得越大；实践证明，地层对频率为 20kHz 的超声波，其衰减系数高达 6.85，而对 100Hz 的低频波，其衰减系数仅为 0.0246。当频率低于 15Hz 时，地层对它的衰减系数甚至更小至 0.00268，此时低频波对地层的有效影响范围达到 200m 以上，研究表明，声波频率与地层对声波的衰减系数成线性关系。本章通过对水力脉冲波发生器的参数设计、弹簧设计，开展了水力脉冲波发生器参数敏感性分析及性能优化，并对水力脉冲波发生器进行了现场测试。

第一节　水力脉冲波发生器设计

针对国内外现有水力脉冲波发生器的大量调研及系统的研究分析，设计出了大功率井下水力脉冲波发生器，该水力脉冲波发生器完善了以往国内外同类产品的特点，其具有低频率，结构简单，输出功率大，能量利用率高，并且现场施工方便，对油水井适用性广，经济效益好(包括作业费用低和投入产出比高)等优点。水力脉冲波发生器主要包括下端固定装置、弹簧、活塞气缸三大部分，水力脉冲波发生器的具体结构如图 2-1 所示。

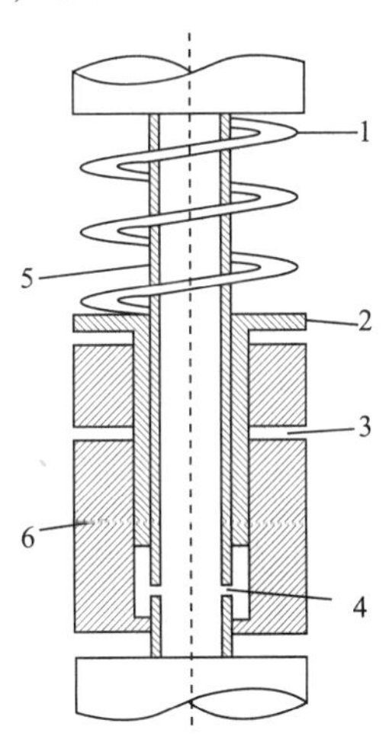

图 2-1　井下水力脉冲波发生器

1—弹簧；2—活塞；3—泄流孔；4—中心管小孔；5—中心管；6—活塞缸外套筒

水力脉冲波发生器的工作动力来源于井口泵入的工作流体。在现场施工条件下需将水力脉冲波发生器连接至油管上，下放至目的层位，即可开泵。水力脉冲波发生器在不断流入的工作液的作用下，脉冲的振动能量作用于地层时，其主要方式为以下两种：

(1)水力脉冲波发生器在垂向上的位移振动，此振动是由活塞周期性振动的而形成的。振动的能量通过液压锚套管再传递给套管，然后作用于地层，最终使地层中的岩石颗粒发生位移上的振动。

(2)脉动水流所产生的横向振荡冲击波。高压水射流作用于套管或地层流体，最终引起脉动振荡。

这两种类型振动的综合效应，使地层中引起堵塞的颗粒得以脱落，裂缝得到更大的扩展，从而提高储层渗透率，对开发过程中解堵增注过程产生较好的改善效果。

一、水力脉冲波发生器规格

(1)外径 90. 0mm，适用井径(裸眼井或套管井)：114mm 以上。

(2)外径 114mm，适用井径(裸眼井或套管井)：139mm 以上。

二、水力脉冲波发生器相关指标设计

工作排量：200~800m^3/d；

工作泵压：10~40MPa；

振动器外径：$d_1=90.0$mm；

振动器内径：$d_2=70.0$mm；

振动器壁厚：$e=10.0$mm；

井深：750~2000m；

地层压力：由实际的地层条件而定。

三、水力脉冲波发生器参数设计

(1)水力脉冲波发生器在向下运动的过程中，其作用在活塞表面上的压力 P_1，由公式(2-1)求得：

$$P_1=P_0+\rho gH \tag{2-1}$$

式中 H——液柱高度，m；

P_0——泵压，MPa；

Q_0——排量，m^3/d；

ρ——工作液体密度，kg/m^3。

(2)水力脉冲波发生器的最大水击压力 P_{max}，由公式(2-2)求得：

$$P_{max}=\rho CV_0 \tag{2-2}$$

其中：

$$C=C_0/[1+(d_2/e)\times(E/E_0)]^{1/2}$$

$$C_0=(E/\rho)^{1/2}$$

$$V_0=Q_0/A$$

式中 C——水击波传播的速度，m/s；

V_0——管内流速，m/s；

ρ——工作液体密度，kg/m^3；

Q_0——排量，m^3/d；

E——水的弹性模量，2.06×10^9Pa；

E_0——管柱弹性模量，$2.06\times10^{11}Pa$。

(3)水力脉冲波发生器活塞向上运动时作用于小孔上的压力 P_2，由公式(2-3)求得：

$$P_2=P_1-P_{max} \tag{2-3}$$

式中　P_1——作用在活塞表面上的压力，MPa；

P_{max}——最大水击压力，MPa。

(4)水力脉冲波发生器活塞下落的最大距离 h_{max}，由公式(2-4)求得：

$$h_{max}=[b-b_1+(9b-b_1)(b-b_1)1/2]/(2a_1b) \tag{2-4}$$

其中：

$$a_1=\xi\rho A_0/m$$

$$b=P_1A_0/m$$

$$b_1=P_2A_0/m$$

式中　A_0——活塞上的有效作用面积，m^2；

m——活塞的质量，kg；

ξ——介质的弹性模量，Pa。

(5)水力脉冲波发生器弹簧的最小弹性常数 K，由公式(2-5)求得：

$$K=\{3P_1+P_{max}-[(9P_1-P_{max})(P_1-P_{max})]^{1/2}\}\xi P_1\rho A_0\times10^6/\langle m\times g\{P_1-P_{max}+[(9P_1-P_{max})(P_1-P_{max})]^{1/2}\}\rangle \tag{2-5}$$

式中　P_1——作用在活塞表面上的压力，MPa；

P_{max}——最大水击压力，MPa；

ξ——介质的弹性模量；

ρ——工作液体密度，kg/m^3；

A_0——活塞上的有效作用面积，m^2。

(6)根据 K 值计算水力脉冲波发生器的频率，由公式(2-6)求得：

$$f=(Cm+\xi\rho P_1\times10^6A_0{}^2)^{1/2}\times[\xi A_0(P_{max}\times10^6\rho A_0-Ch)+Cm]^{1/2}/\{\pi m(Cm+P_1\rho\xi\times10^6A_0{}^2)^{1/2}+[A_0\xi(P_{max}\times10^6\rho A_0-Ch)+Cm]^{1/2}\} \tag{2-6}$$

式中　C——水击波传播的速度，m/s；

P_1——作用在活塞表面上的压力，MPa；

P_{max}——最大水击压力，MPa；

ξ——介质的弹性模量，N/m^2；

ρ——工作液体密度，kg/m^3；

m——活塞的质量，kg；

A_0——活塞上的有效作用面积，m^2。

(7)水力脉冲波发生器共涉及4个出水孔，出水孔的半径，由式(2-7)求得：

$$R_0=[(1.1078\,\nu Q_0)/(C_1{}^2P_b)]^{1/4} \tag{2-7}$$

其中：

$$P_b = P_1 - P_2$$
$$R_i = (R_0{}^2/4)^{1/2}$$

式中 C_1——水击波传播的速度，m/s；

ν——水的重度，kN/m^3；

Q_0——液体的流量，m^3/d；

P_b——喷嘴处的压差，Pa。

按上述计算步骤亦可计算出当井深、泵压排量及地层压力的值发生改变时，水力脉冲波发生器各个参数的相应变化值。

四、水力脉冲波发生器弹簧设计

(一)活塞压应力对应弹簧弹性模量

根据水力脉冲井下发生器参数的设计方法，给出水力脉冲波发生器活塞对应压应力和弹性模量的关系，见表 2-1。由此实现井下振动参数的设置。

表 2-1　压应力和弹性模量的关系

活塞压应力/MPa	弹簧弹性模量/(N/mm^2)
10	6925
15	24648
20	60136
25	119646

选择弹簧的尺寸，其内径定为 $D_1 = 0.045m$，中径定为 $D_2 = 0.050m$，外径定为 $D = 0.055m$，最大变形系数为 $X = 0.4403m$，所使用的弹簧型号为两短圈磨平并紧式，现场应用时应根据实际需要合理选用相应的弹簧。

(二)水力脉冲波发生器柱塞密封套设计

为满足水力脉冲波发生器工作时脉冲高温液体和气体的需要，对水力脉冲波发生器柱塞密封套选取全氟醚橡胶材料，它具有耐高温、耐化学溶剂性能及高洁净特性，耐化学药品及腐蚀性介质(耐强酸、强碱、醚类、酮类、酯类、含氮化合物、碳化氢类、醇类、醛类、油、蒸气类、氨基化合物等 1600 多种化学产品的腐蚀)，耐温达 327℃。

五、水力脉冲波发生器参数敏感性分析

以下涉及参数说明：

P_0为泵压，Pa；Q_0为泵入排量，m^3/d；H 为作用井深，m；P_1为地层中液体传播压力，MPa；H_1为活塞下降高度，cm；K 为弹簧弹性系数，kgf/m(1kgf/m = 9.8N/m)；f 为弹簧振动频率，Hz；m 为活塞的质量，kg；R_i为小孔直径，cm。

(1)井深 $H = 1000m$，液体传播压力 $P_1 = 10MPa$ 为定值时，参数变化关系。

由表 2-2 可以看出，当排量不变，泵压改变时，随着泵压的增加，活塞下降高度降低，弹簧的弹性系数增加，水力脉冲波发生器的振动频率增加，出水孔的直径逐渐减小。

表 2-2　排量不变时参数变化

P_0/Pa	Q_0/(m^3/d)	H_1/m	K/(kgf/m)	f/Hz	R_i/cm
10	100	37.90	24649.0	18.38	0.92
20	100	30.60	47017.1	23.92	0.77
30	100	26.33	73953.0	28.90	0.70
40	100	23.45	104829.1	33.52	0.65
10	200	54.75	16144.7	16.79	1.30
20	200	44.03	31305.0	21.69	1.09
30	200	37.80	49694.2	26.07	0.98
40	200	33.61	70868.9	30.11	0.92

由表 2-3 可以看出，当泵压不变，排量改变时，随着排量的增加，活塞下降高度增加，弹簧的弹性系数下降，水力脉冲波发生器的振动频率下降，出水孔的直径逐渐增加。

表 2-3　泵压不变时参数变化

P_0/Pa	Q_0/(m^3/d)	H_1/m	K/(kgf/m)	f/Hz	R_i/cm
10	100	37.90	24648.9	18.38	0.92
10	200	54.75	16144.7	16.79	1.30
10	300	68.15	12382.3	16.01	1.59
10	400	79.77	10142.4	15.49	1.84
20	100	30.60	47017.1	23.92	0.77
20	200	44.03	31305.0	21.69	1.09
20	300	54.65	24350.5	20.61	1.34
20	400	63.81	20208.5	19.91	1.54

(2)井深不同时参数变化关系。

由表 2-4 可以看出，P_0、Q_0、P_1不变，H 变化时，随着井深的增加，活塞下降高度减小，弹簧的弹性系数增加，水力脉冲波发生器的振动频率增加，出水孔的直径逐渐减小。

表 2-4　P_0、Q_0、P_1不变，H 变化时参数变化

P_0/Pa	Q_0/(m^3/d)	H/m	H_1/m	K/(kgf/m)	f/Hz	R_i/cm
10	100	750	40.63	19972.2	16.89	0.99
100	1000	37.90	24648.9	18.38	0.92	
10	100	1500	33.75	34986.2	21.18	0.83
10	100	2000	30.71	46522.4	23.81	0.77

(3)P_0=10MPa、Q_0=100m^3/d、P_1=10MPa，H=1000m，改变活塞的质量时，参数变化关系。

由表 2-5 可以看出，当 P_0、Q_0、P_1 和 H 不变时，随着活塞质量的增加，活塞的下降高度也随之增加，弹簧的弹性系数下降，水力脉冲波发生器的振动频率下降，出水孔的直径不变。

表 2-5 活塞质量不同时参数变化

m/kg	H_1/m	K/(kgf/m)	f/Hz	R_i/cm
4	40.63	19972.2	16.89	0.99
8	37.90	24648.9	18.38	0.92
12	33.75	34986.2	21.18	0.83
16	30.71	46522.4	23.81	0.77

(4)其他参数不变，改变泄水孔的直径时，参数变化关系。

由表 2-6 可以看出，$P_0=10$MPa、$Q_0=100\text{m}^3/\text{d}$、$P_1=10$MPa，$H=1000$m，$m=4$kg 时，当改变泄水孔的直径大小时，随着 d_2 的增加，活塞的下降高度增加，弹簧的弹性系数下降，水力脉冲波发生器的振动频率下降，出水孔直径不变。

表 2-6 泄水孔直径不同时参数变化

d_1/m	d_2/m	H_1/m	K/(kgf/m)	f/Hz	R_i/cm
0.07	0.01	26.05	52149.9	26.73	0.92
0.07	0.02	27.79	45834.9	25.06	0.92
0.07	0.03	31.27	36215.2	22.38	0.92
0.07	0.04	37.90	24649.0	18.38	0.92
0.07	0.05	52.11	13037.5	13.37	0.92

(5)$P_0=20$MPa、$Q_0=200\ \text{m}^3/\text{d}$、$H=1000$m，$m=10$kg，地层中液体传播压力改变时，参数变化关系。

由表 2-7 可以看出，地层中液体的传播压力不影响活塞的下降高度、弹簧的弹性系数以及水力脉冲波发生器的振动频率，只影响出水孔的直径，且随着传播压力的增加，水力脉冲波发生器出水孔的直径也随之增大。

表 2-7 地层中液体传播压力不同时参数变化

P_1/Pa	H_1/m	K/(kgf/m)	f/Hz	R_i/cm
5	110.08	12522.2	8.68	1.03
10	110.08	12522.2	8.68	1.09
15	110.08	12522.2	8.68	1.17
20	110.08	12522.2	8.68	1.30

第二节　水力脉冲波发生器性能优化

为了了解水力脉冲波发生器的工作状况及其对套管的影响程度，并获取水力脉冲波发生器入井实验的有效数据，通过采取单个或两个串联组合的方式，对五套水力脉冲波发生器进行了室内试验评价：首先，将各种水力脉冲波发生器放在井筒外，直观观测它们的振动情况，对各个水力脉冲波发生器的工作状况作出评价；其次，将水力脉冲波发生器放在模拟井井筒内，在最大工作压力(25MPa)下使水力脉冲波发生器工作，同时测出套管相应的应变—应力曲线，用以了解对套管的影响程度，进而确定水力脉冲波发生器振动时是否会破坏套管和防砂环；最后将水力脉冲波发生器放在模拟井内，测出在不同压力下水力脉冲波发生器振动时的频谱图、波形图，进而确定水力脉冲波发生器在不同压力下的振动参数。

一、实验流程与内容

模拟井由压力表、流量计、5½in 套管、出口压力控制阀组成；循环系统由各种管线、蓄水池、模拟井、高压柱塞泵组成；振动参数测试系统由动态信号分析仪及压力传感器组成；应力-应变曲线的测试系统由应变片及绘图仪、动态应力应变仪组成(图 2-2)。

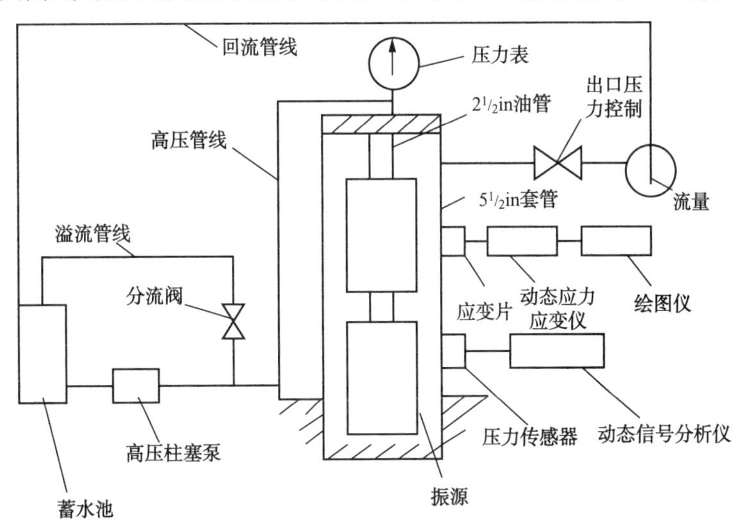

图 2-2　水力脉冲发生器的室内实验流程图

(一)直观观测水力脉冲波发生器的振动状况

将水力脉冲波发生器置于模拟井外，由高压柱塞泵供液，工作液经振源下端的水咀直接流出，即出口压力为大气压，这样可以对水力脉冲波发生器的振动情况进行直观观测，如图 2-3 所示。

(1)观测各个水力脉冲波发生器的密封、泄漏及起振情况。

(2) 测试大气中井筒外各个水力脉冲波发生器的振动频率。

图 2-3　水力脉冲采油模拟井

(二) 测定套管的应变–应力变化曲线

(1) 将套管的外壁正对水力脉冲波发生器水咀和振动上限的位置，将其打磨至光滑，然后将应变片在上、下测点处分别沿纵向和横向粘贴，并连接好测试电路及测试设备。

(2) 放入串接的两个水力脉冲波发生器，并按实验流程将实验装置连接好。

(3) 开泵，加压至最大值(25MPa)，分别测试上、下测点的相应应变曲线。

(4) 将串联的两个水力脉冲波发生器起出，下入单个水力脉冲波发生器，重复步骤(3)。

(5) 改变压力值，测出水力脉冲波发生器在不同压力下的应变曲线。

(三) 测试振动参数

(1) 根据实验流程图连接好实验装置。

(2) 开泵，将压力增加至一定值。

(3) 利用动态信息分析仪，记录振动的频谱图、波形图，使用流量表及压力计分别记录流量和压力值。

(4) 改变压力值，重复步骤(3)。

(5) 泄压至最小值，关泵。

(6) 更换水力脉冲波发生器并采用不同的组合，重复步骤(1)~步骤(5)。

二、实验结果及分析

(一) 水力脉冲波发生器振动情况

实验中对每个水力脉冲波发生器的振动情况进行了观测。

(1) 所有的水力脉冲波发生器均可正常地起振和正常地振动，改进后的水力脉冲波发生器振动效果与改进前水力脉冲波发生器相比，前者要更好。

(2) 水力脉冲波发生器在改进前，由于存在加工工艺问题，加工精度低，水力脉冲波发生器易发生变形，达不到同轴度的要求，接触面具有较大的泄漏量。

(3) 水力脉冲波发生器经过改进后，其工艺、结构合理，达到较高的加工精度，接触面泄漏量减小，振动效果好。

(4) 当水力脉冲波发生器放在井筒外时，入口压力为 3MPa、出口压力为大气压时，用秒表实测，其频率约为 2~3Hz。

（二）套管应力-应变曲线

（1）本次实验对单个水力脉冲波发生器及两个水力脉冲波发生器串联振动均进行了测定，当上、下测点为最高压力（25MPa）时，测定了套管的纵向及横向应变，并且绘制了应力-应变图，如图2-4所示。

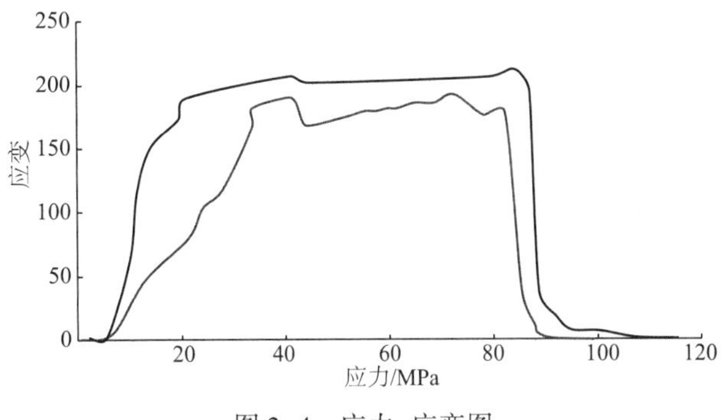

图2-4　应力-应变图

（2）计算套管所受的最大应力。

制成套管的合金钢弹性模量为：$E=2.1\times10^5$MPa，由图2-4可以看出，在最大压力25MPa下，套管的最大应变为：$\varepsilon_{max}=190\times10^{-6}$，则套管所受的最大应力为：$\sigma_{max}=E\cdot\varepsilon_{max}\approx40$MPa。

查资料可知，套管的抗内压强度大于300MPa，所以对于压力为25MPa的条件下，水力脉冲波发生器振动时，套管受到振动作用后，其所产生的应力远小于其抗内压强度，满足相应的强度要求。

（三）振动参数

（1）实验测出了多种水力脉冲波发生器振动时的波形图及频谱图，并将它们以数据文件的形式存储于动态信号分析仪内，能够适时地回放及做进一步的分析。

（2）振幅与注入压力的关系。

对于水力脉冲波发生器串联，当入口注入压力为9MPa时，实验发现振幅显著增加且出现了最高峰值（即最大值），分析原因认为是两个水力脉冲波发生器串接所出现强烈的共振所致。由图2-5可以看出，当入口注入压力比某个临界压力P_1大时，振幅的大小随着注入压力的增大基本保持不变，有的水力脉冲波发生器振动的振幅甚至减小；当入口注入压力比某个临界压力P_1小时，振幅的大小随着注入压力的增大而明显增大，可得出结论即存在一个最佳注入压力P_1。不同的水力脉冲波发生器的最佳注入压力P_1的大小是不一样的，其大小如表2-8所示。

表2-8　不同水力脉冲波发生器最佳注入压力

水力脉冲波发生器类型	b_{12}	b_1	a_{12}	a_{13}	a_{01}	a_{02}	a_{03}
P_1/MPa	18	18	18	9	无	18	18

（3）频率与注入压力的关系。

从实验结果看，在不同的注入压力下，各个水力脉冲波发生器振动频率均为3Hz，但通过对水力脉冲波发生器的受力分析可知，在不同注入压力下，不同冲程、不同类型的水

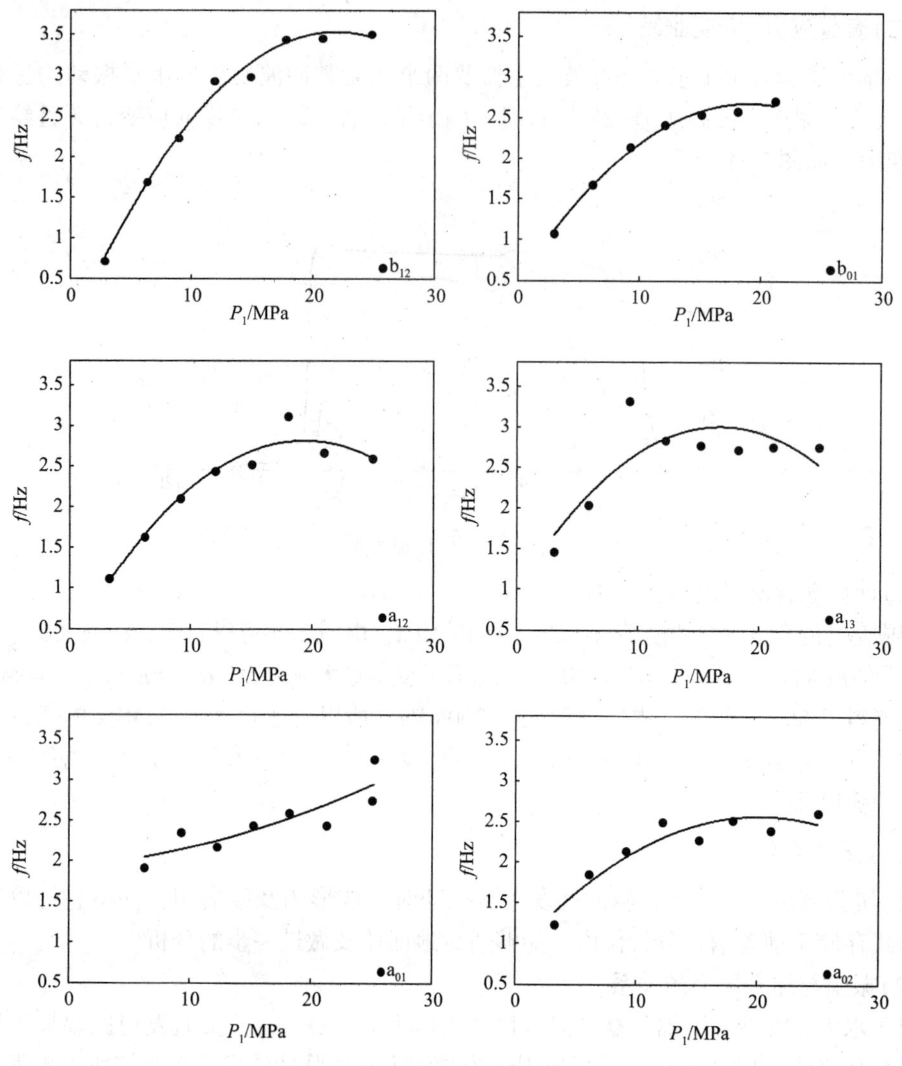

图 2-5 频率-注入压力关系变化图

力脉冲波发生器，其振动频率应当不同，然而实验结果与理论上不一致，可能有以下两种原因：①由于柱塞泵在工作时压力具有一定的波动，这种波动的压力影响了水力脉冲波发生器，使得泵所引起的压力波动频率和振源的频率保持一致；从而使所有水力脉冲波发生器在不同压力下振动时，各自的频率均等于泵所产生的压力波动频率(即 3Hz)；②此振动频率为水力脉冲波发生器振动和柱塞泵工作时所形成的压力波动相互迭加后所形成，由于泵的工作频率较低，可作为基频，而水力脉冲波发生器振动的频率较高，二者迭加后形成 3Hz 的振动频率。

(4)压力与输出功率的关系。

由于泵的排量较小，为了控制水力脉冲波发生器的振动及压差，需通过出口压力调节阀来调节出口压力和流量。由于实验存在各种误差，使得测出的流量偏小，故计算出的功率也较小。选出实验中两组流量值较大、较准确的数据进行计算。

按照上述输出功率的计算方法，分别计算出了在不同注入压力下的两种水力脉冲波发生器的输出功率，并绘出了振动器输出功率与压力的关系图，如图 2-6 所示。

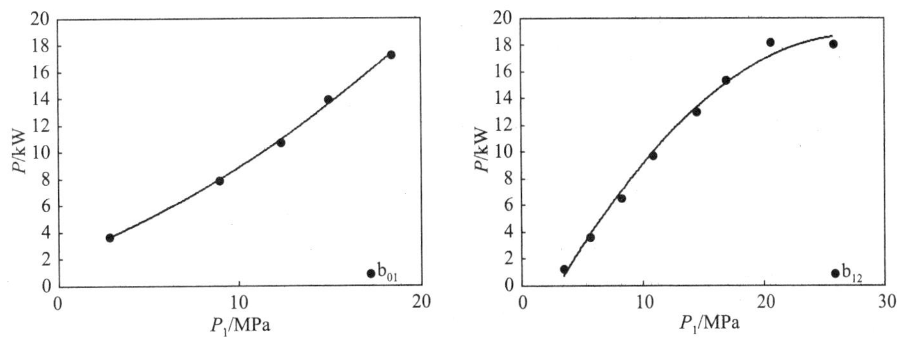

图 2-6　水力脉冲波发生器输出功率与压力的关系图

从图 2-6 可以看出，随着注入压力的增加，水力脉冲波发生器的输出功率并不是随之不断加大；当注入压力逐渐增加到一定值后，水力脉冲波发生器的输出功率反而随之减小，即存在一个最大的输出功率。

虽然水力脉冲波发生器在压力实验范围内(3～25MPa)，其输出功率随着注入压力的升高而不断增加；但从输出功率的变化趋势看，也存在一个最大输出功率。观察实验结果可知，在所有的水力脉冲波发生器中，最大输出功率可达 18kW。

第三节　水力脉冲波发生器现场测试

施工前，需要对设备进行施压，以确定其在地下的工作压力，并通过调整弹簧垫圈调节振源启动压力，图 2-7 为水力脉冲波发生器的实物图，图 2-8 为水力脉冲波发生器现场试压图。

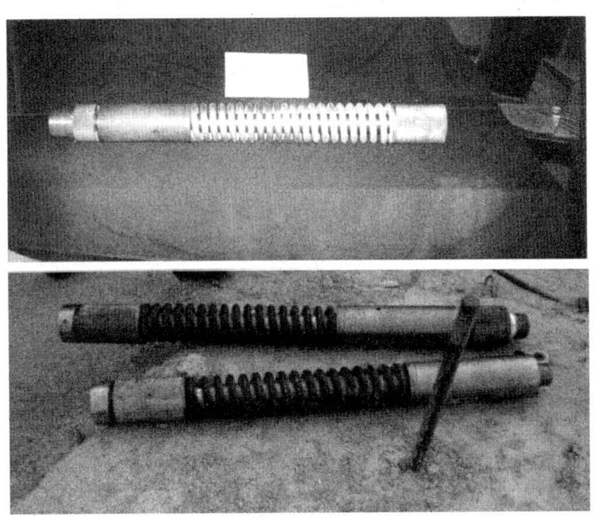

图 2-7　水力脉冲波发生器实物图

图 2-8　水力脉冲波发生器现场试压图

施工时，将井下水力脉冲波发生器和油管相连，下入作用地层。流体通过入口泵入中心管，然后流入中心管和外套筒的环空中。随着流体的增加，环空压力逐渐增大，推动活塞向上运动，直到泄流孔被打开，高压水流从泄流孔射出，进入地层；环空压力急速下降，活塞下落到初始位置，然后循环。

第四节　本章小结

（1）所有的水力脉冲波发生器均可正常起振和正常振动，改进后的振动效果要好于改进前。对于水力脉冲波发生器的技术参数如材料类型的选择、表面工艺的处理以及配合间隙大小等，均达到预期的良好效果。

（2）在压力为 25MPa 时，水力脉冲波发生器振动的波动作用使套管所受的最大应力为 40MPa，此应力值远小于套管的抗内压强度，套管不会受到破坏。

（3）水力脉冲波发生器振动时，随入口注入压力的增加，其振幅的大小及出口流量并不随之而增加，而是增加到一定值后再降低，即分别存在着最佳注入压力和最大的输出功率，水力脉冲波发生器最大输出功率可达 18kW。

第三章　水力脉冲波发生器动力学特征

根据国内外对各种振动处理地层现场应用情况的统计，其作用效果的好坏不仅与地层的地球物理特性有关，还与振动处理的方法及参数有着直接的关系。对于低频水力振动方法来说，要想取得更好的效果就必须依据具体的地层条件来选择井下振动器的工作参数，从而得出最佳的匹配方案。而这通过实验的方法将需要大量的人力和物力。因此，利用流体力学知识对水力脉冲波发生器的水动力学特征以及波场在地层中的传播规律进行详细研究是十分必要的。

本章首先通过对单个水力脉冲波发生器的运动部件的受力分析建立起单个水力脉冲波发生器的数学模型，完成了其相关的参数分析，并在此基础上根据水击理论分析了多个水力脉冲波发生器串联条件下管线中的压力波动，提出了研究多个水力脉冲波发生器串联的数学方法，同时建立了地层中冲击波传播的数学模型，从而为今后水力脉冲波发生器的研究提供了扎实的理论基础。

第一节　水力脉冲波发生器动力学模型

一、水力脉冲波发生器动力学模型的建立

(一)活塞运动方程的建立

当水力脉冲波发生器工作时，工作液通过油管流入水力脉冲波发生器，从中心管小孔位置进入水力脉冲波发生器活塞缸内；由于水力脉冲波发生器的下端堵死，工作液在泵压下充满活塞缸使活塞向上运动；在水力脉冲波发生器外筒泄流孔未打开之前，由于活塞上端弹簧不断被压缩，导致活塞缸内的压力不断上升。此时，活塞主要受弹簧力和缸内的水压力作用。当泄流孔打开时，活塞缸内工作液在缸内高压作用下瞬时喷出；此时活塞主要受到弹簧力的作用，但由于惯性作用活塞依然向上运动直至速度为零，能量转化为弹簧势能，然后在弹簧力和活塞缸内水压力的共同作用下向下运动至初始位置并开始第二次循环。

根据上述分析，水力脉冲波发生器在工作时可分为四大过程：

第一，活塞从初始位置到泄流孔打开处；

第二，活塞从泄流孔打开处向上运动至最高点(速度为零处)；

第三，活塞从最高点运动至泄流孔处；

第四，从泄流孔至初始位置。

下面分别就这四个过程进行受力分析。

以活塞的初始位置 *1—1* 界面为 X 轴，以振动器的中轴线为 Y 轴建立坐标系。

(1)运动第一阶段。

方向向上的力有：P_3A_1、f_f。

方向向下的力有：P_8A_1、G、f_{m1}、f_{m2}、f_{m3}、f_t、f_z(图 3-1)。

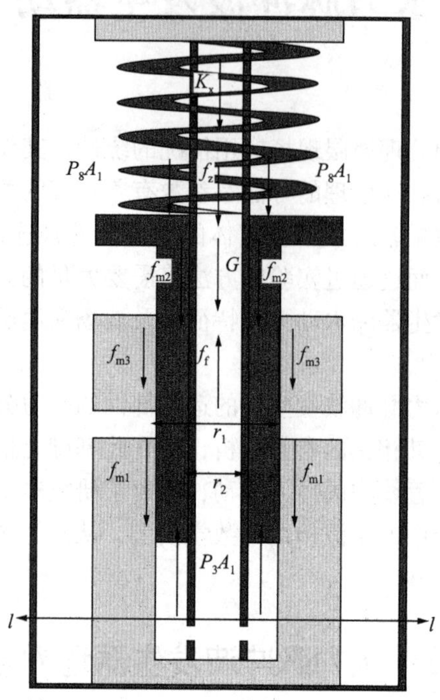

图 3-1　水力脉冲波发生器受力分析图

可得等式：

$$p_3A_1 + f_f - p_8 - G - f_{m1} - f_{m2} - f_{m3} - f_t - f_z = \rho_f Va \tag{3-1}$$

式中　P_3——活塞下端面的液压，Pa；

f_f——活塞所受浮力，N；

P_8——活塞外环空压力，Pa；

A_1——活塞下端面面积，m^2；

G——活塞自身重力，N；

f_{m1}——活塞与振动器外筒的摩擦力(从泄流孔至 X 轴处)，N；

f_{m2}——活塞与振动器内筒的摩擦力，N；

f_{m3}——活塞与振动器外筒的摩擦力(从小孔至外筒上端面)，N；

f_t——弹簧力，N；

f_z——活塞所受液阻，N；

ρ_f——活塞密度，kg/m^3；

V——活塞体积，m^3；

a——活塞运动的加速度，m^2/s。

式(3-1)即为运动第一阶段活塞的运动方程。

(2) 运动第二阶段。

方向向上的力：P_4A_1、f_f。

方向向下的力：P_8A_1、G、f_{m2}、f_{m3}、f_t、f_z。

$$p_4A_1+f_f-G-p_8A_1-f_{m2}-f_{m3}-f_t-f_z=\rho_f Va \tag{3-2}$$

其中，P_4为该阶段活塞下端面所受压力。

式(3-2)即为运动第二阶段活塞的运动方程。

(3)运动第三阶段。

方向向上的力：f_f、f_z、f_{m2}、f_{m3}、P_4。

方向向下的力：G、f_t、P_8。

$$f_f+f_z+f_{m2}+f_{m3}+p_4A_1-p_8A_1-G-f_t=\rho_f Va \tag{3-3}$$

式(3-3)即为运动第三阶段活塞的运动方程。

(4)运动第四阶段。

方向向上的力有：P_5A_1、f_f、f_{m1}、f_{m2}、f_{m3}、f_z。

方向向下的力有：P_8A_1、G、f_t。

$$P_5A_1+f_f+f_{m1}+f_{m2}+f_{m3}+f_z-p_8A_1-G-f_t=\rho_f Va \tag{3-4}$$

其中，P_5为第四运动阶段的活塞下端面压力。

$$p_5=\frac{(p_3-p_8)}{l_1}(l_1-y)+p_8 \tag{3-5}$$

根据对水力脉冲波发生器活塞四个运动过程的受力分析和运动方程的建立，可以建立起单个水力脉冲波发生器运动的数学模型：

$$\begin{cases}p_3A_1+f_f-p_8-G-f_{m1}-f_{m2}-f_{m3}-f_t-f_z=\rho_f Va\\ p_4A_1+f_f-G-p_8A_1-f_{m2}-f_{m3}-f_t-f_z=\rho_f Va\\ f_f+f_z+f_{m2}+f_{m3}+p_4A_1-p_8A_1-G-f_t=\rho_f Va\\ P_5A_1+f_f+f_{m1}+f_{m2}+f_{m3}+f_z-p_8A_1-G-f_t=\rho_f Va\end{cases} \tag{3-6}$$

(二)摩擦力公式的建立

由于水力脉冲波发生器活塞两端的压差作用以及活塞与活塞缸之间的缝隙，在水力脉冲波发生器活塞装置中存在着缝隙流动，因此也就产生了活塞运动过程中的摩擦力。

一般缝隙的水力半径都比较小，而其中流体都有一定的黏度，因此缝隙流动的雷诺数一般都比较小，往往属于层流范围。缝隙流体的流动主要可分为两种：①由于缝隙两端的压差作用所产生的流动，这种流动称为 Poiseuille 流。②由于组成缝隙的壁面具有相对运动而使缝隙中流体流动，称为 Couette 流；而水力脉冲波发生器活塞缝隙中流体的流动则是由以上两种原因造成的，称为 Poiseuille-Couette 流。

图 3-2 为垂直缝隙流动示意图。

根据纳维-斯托克斯方程可得：

$$\begin{cases}-g-\dfrac{1}{\rho}\dfrac{\partial p}{\partial z}+\gamma\left(\dfrac{\partial^2 u}{\partial x^2}+\dfrac{\partial^2 u}{\partial y^2}+\dfrac{\partial^2 u}{\partial z^2}\right)=\dfrac{\mathrm{d}u}{\mathrm{d}t}\\ -\dfrac{1}{\rho}\dfrac{\partial p}{\partial y}=0\\ -\dfrac{1}{\rho}\dfrac{\partial p}{\partial x}=0\end{cases} \tag{3-7}$$

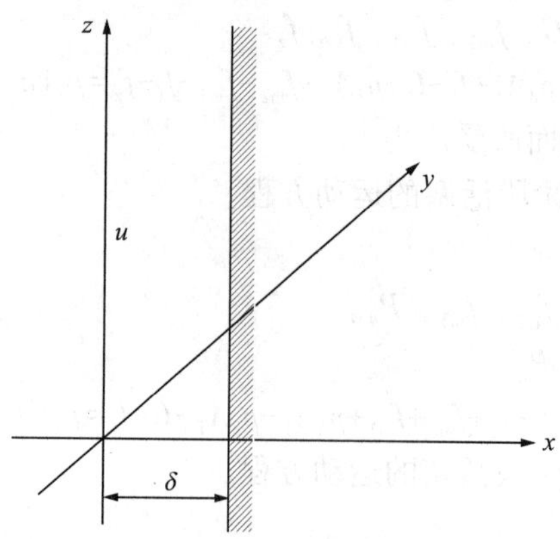

图 3-2　垂直缝隙流动示意图

式中　p——活塞两端压力差，MPa；

u——在压力作用下液体的流动速度，m/s；

ρ——液体的密度，kg/m^3；

δ——缝隙宽度，m。

液体在 x、y 方向压力梯度为 0，因此$\frac{\partial u}{\partial x}=\frac{\partial u}{\partial y}=0$，同时由于缝隙流动属于稳定流，所以$\frac{\partial u}{\partial t}=0$，即可得$\frac{\mathrm{d}u}{\mathrm{d}t}=\frac{\partial u}{\partial t}+\frac{\partial u}{\partial x}\frac{\mathrm{d}x}{\mathrm{d}t}=\frac{\partial u}{\partial t}+u\frac{\partial u}{\partial x}=0$，将上述条件代入(3-7)中第一式，可得：

$$\gamma\frac{\partial^2 u}{\partial x^2}=\frac{1}{\rho}\frac{\mathrm{d}p}{\mathrm{d}z}+g \tag{3-8}$$

将(3-8)两边对 x 积分得：

$$u=\frac{x^2}{2\rho\gamma}\frac{\mathrm{d}p}{\mathrm{d}z}+\frac{gx^2}{2\gamma}+C_1+C_2 \tag{3-9}$$

其中，C_1、C_2为积分常数。方程(3-9)中，u 即为垂直缝隙中压力作用下液体的 Poiseuille 流动速度。

由流体力学可知，方程(3-9)的定解条件为：

$$\begin{cases} u\big|_{x=0}=0 \\ u\big|_{x=\delta}=0 \end{cases} \tag{3-10}$$

其中，u 为活塞运动速度。

解得：

$$C_1=-\frac{\delta}{2\rho\gamma}\frac{\mathrm{d}p}{\mathrm{d}z}-\frac{g\delta}{2\gamma},\ C_2=0$$

$$\frac{\mathrm{d}u}{\mathrm{d}x}=(2x-h)\left(\frac{1}{2\rho\gamma}\frac{\mathrm{d}p}{\mathrm{d}z}-\frac{g}{2\gamma}\right)$$

$$u=x(x-\delta)\left(\frac{1}{2\rho\gamma}\frac{\mathrm{d}p}{\mathrm{d}z}+\frac{g}{2\gamma}\right)$$

在具有相对运动的平行面缝隙中的附加速度：

$$u' = \pm \frac{Ux}{\delta} \tag{3-11}$$

所以，在相对运动缝隙中，流体总速度为：

$$u'' = u + u' = x(x-\delta)\left(\frac{1}{2\rho\gamma}\frac{\mathrm{d}p}{\mathrm{d}z} + \frac{g}{2\gamma}\right) \pm \frac{Ux}{\delta} \tag{3-12}$$

动液面处液体的剪应力为：

$$\tau_0 = \mu \left.\frac{\mathrm{d}u''}{\mathrm{d}x}\right|_{x=\delta} \tag{3-13}$$

根据式(3-12)和式(3-13)可得同心环缝摩擦力为：

$$\begin{aligned} F_\mathrm{f} &= \mu\pi ld \left.\frac{\mathrm{d}u''}{\mathrm{d}x}\right|_{x=0} \\ &= -\mu\pi l\mathrm{d}\left(\frac{\delta}{2\rho\gamma}\frac{\mathrm{d}p}{\mathrm{d}z} + \frac{g\delta}{2\gamma} \pm \frac{U}{\delta}\right) \end{aligned} \tag{3-14}$$

式中　l——活塞长度，m；

d——活塞直径，m；

μ——流体黏度，mPa · s。

活塞的运动为周期性的往复运动，每一周期可分为四个运动过程。由于每个过程中压差和速度方向都不一样，因此每个过程中活塞受到的摩擦力的大小和方向各不相同；活塞向上做减速运动，向下做加速运动。向上运动时，压差方向与速度方向相同，向下运动时，压差方向与速度方向相反。

(1)运动第一阶段摩擦力。

当活塞处于运动第一阶段时，活塞侧壁环缝所受的摩擦力可分为两部分：

①从活塞下端面到泄流孔位置。

这一部分所受的压力差主要来自于活塞缸内不断升高的液压与水力脉冲波发生器所处位置的环空水压，因此此部分环缝液体流速包括压差速度 u 和附加速度 u'，其摩擦力大小为：

$$f_{\mathrm{m1}} = 2\pi\mu(l_1 - Y)r_1\left(\frac{\delta}{2\rho\gamma}\frac{\mathrm{d}p}{\mathrm{d}y} + \frac{g\delta}{2\gamma} + \frac{u'}{\delta}\right) \tag{3-15}$$

式中　u'——活塞的运动速度，m/s；

l_1——从小孔到 X 轴距离，m；

l_2——活塞总长度，m；

Y——活塞的纵坐标，m；

r_1——活塞外侧壁直径，m。

②从泄流孔位置到活塞缸上端面。

这一部分环缝的上、下两端没有压差，因此流体仅为附加速度 u'，其摩擦力大小为：

$$f_{\mathrm{m3}} = 2\pi\mu(l_2 - l_1)r_1\left(\frac{g\delta}{2\gamma} + \frac{u'}{\delta}\right) \tag{3-16}$$

式中　r_2——活塞内侧壁直径，m。

活塞内侧壁所受摩擦力为一个整体，其上、下端面的压差即为活塞缸内液压与环空水压的差：

$$f_{m2}=2\pi\mu l_2 r_2\left(\frac{\delta}{2\rho\gamma}\frac{\mathrm{d}p}{\mathrm{d}y}+\frac{g\delta}{2\gamma}+\frac{u'}{\delta}\right) \tag{3-17}$$

(2)运动第二阶段摩擦力。

当活塞处于运动第二阶段时，活塞下端已超过泄流孔，受摩擦力影响的内侧壁长度仅为从下端面到活塞缸上端面，其大小为：

$$f_{m3}=2\pi\mu(l_2-y)r_1\left(\frac{\delta}{2\rho\gamma}\frac{\mathrm{d}p}{\mathrm{d}y}+\frac{g\delta}{2\gamma}+\frac{u'}{\delta}\right) \tag{3-18}$$

其内侧壁摩擦力同上。

(3)运动第三阶段摩擦力。

当活塞处于运动第三阶段时，活塞向下运动摩擦力的方向向上，其内侧壁摩擦力大小为：

$$f_{m2}=2\pi\mu r_2 l_2\left(\frac{\delta}{2\rho\gamma}+\frac{g\delta}{2\gamma}-\frac{u'}{\delta}\right) \tag{3-19}$$

外侧壁摩擦力为：

$$f_{m3}=2\pi\mu r_1(l_2-y)\left(\frac{\delta}{2\rho\gamma}\frac{\mathrm{d}p}{\mathrm{d}y}+\frac{g\delta}{2\gamma}-\frac{u'}{\delta}\right) \tag{3-20}$$

(4)运动第四阶段摩擦力。

当活塞处于运动第四阶段时，活塞下端面重新将泄流孔堵死，其外摩擦力为：

$$f_{m1}=2\pi\mu r_1(l_1-y)\left(\frac{\delta}{2\rho\gamma}\frac{\mathrm{d}p}{\mathrm{d}y}+\frac{g\delta}{2\gamma}-\frac{u'}{\delta}\right) \tag{3-21}$$

外侧壁摩擦力为：

$$f_{m3}=2\pi\mu r_1(l_2-l_1)\left(\frac{g\delta}{2\gamma}-\frac{u'}{\delta}\right) \tag{3-22}$$

(三)水头损失的计算

流体从井口流入到水力脉冲波发生器要经历整个油管，其距离一般要达到1000m以上，并且流体流量一般要达到十几到几十立方米/小时。因此，这段距离流体的沿程水头损失是不能忽略的。

(1)沿程水头损失的计算。

由于紊流的复杂性，圆管内沿程水力摩阻尚不能从理论上很完善地解决，普遍应用经验公式进行求解，并取得了较好的结果。通过因次分析可得管路沿程水头损失的计算通式为：

$$h_f=\lambda\frac{L}{d}\frac{v^2}{2g} \tag{3-23}$$

式中 h_f——沿程水头损失，m；

L——油管长度，m；

λ——水力摩阻系数；

d——油管直径，m；

v——油管内流速，m/s。

由式(3-23)可以看出，计算沿程水头损失已经大为简化，归结为求不同流态下的水力摩阻系数 λ 的问题；先利用式(3-24)计算雷诺数来判别流态，然后通过表 3-1 经验公式计算不同流态下的 λ。

$$Re = vd/\upsilon \tag{3-24}$$

式中　Re——雷诺数；

v——油管内流速，m/s；

d——油管直径，m；

υ——流体的运动黏度，m^2/s。

表 3-1 为不同流态下的沿程阻力系数的求法。

表 3-1　沿程阻力系数的求法

流态类别		Re 范围($\varepsilon=\Delta/R_0=2\Delta/d$)	常用的经验公式
层流		$Re\leqslant 2000$	$\lambda=\dfrac{64}{Re}$
紊流	水力光滑	$3000<Re<\dfrac{59.7}{\varepsilon^{8/7}}$	$\lambda=\dfrac{0.3146}{\sqrt[4]{Re}}$
	混合摩擦	$\dfrac{59.7}{\varepsilon^{8/7}}<Re<\dfrac{665-765\lg\varepsilon}{\varepsilon}$	$\dfrac{1}{\lambda}=-1.8\lg\left[\dfrac{6.8}{Re}+\left(\dfrac{\Delta}{3.7d}\right)^{1.11}\right]$
	水力粗糙	$Re>\dfrac{665-765\lg\varepsilon}{\varepsilon}$	$\lambda=\dfrac{1}{\left(2\lg\dfrac{3.7d}{\Delta}\right)^2}$

(2)局部水头损失的计算。

由于水力脉冲波发生器与油管管径不一致，当工作液流经二者连接处时将产生局部水头损失。局部水头损失从理论上推导一般是较为困难的，仅有极少量的局部阻力可用理论分析的方法进行计算。

①管路突然扩大。

流道发生扩大时，流线不能转折，因此虽然流道突然扩大，但运动的主流线却只能逐渐扩大，而在流道突然扩大处形成旋涡区。

下式列出 *7—7* 断面至 *4—4* 断面的伯努利方程(图 3-3)：

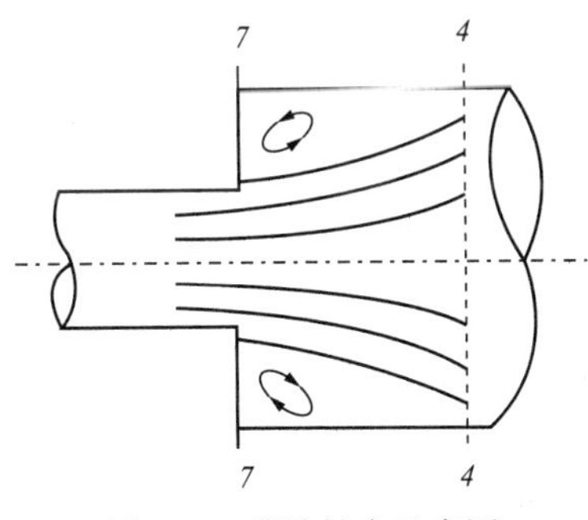

图 3-3　管路扩大示意图

$$\frac{p_7}{\gamma}+\frac{\alpha_7 v_7^2}{2g}=\frac{p_4}{\gamma}+\frac{\alpha_4 v_4^2}{2g}+h_{7-4} \tag{3-25}$$

$$h_f=\frac{\alpha_7 v_7^2-2\beta_7 v_7 v_4+(2\beta_4-\alpha_4)v_4^2}{2g} \tag{3-26}$$

当 $\alpha_7\approx\alpha_4\approx 1$，$\beta_7\approx\beta_4\approx 1$ 时：

$$h_f=\frac{v_7^2-2v_7 v_4+v_4^2}{2g}=\frac{(v_7-v_4)^2}{2g} \tag{3-27}$$

②管路突然缩小。

在收缩管道中，流体不仅有加速的收缩流而且有减速的扩散流。2—2 断面与 a—a 断面以及 a—a 断面与 3—3 断面的伯努利方程为(图 3-4)

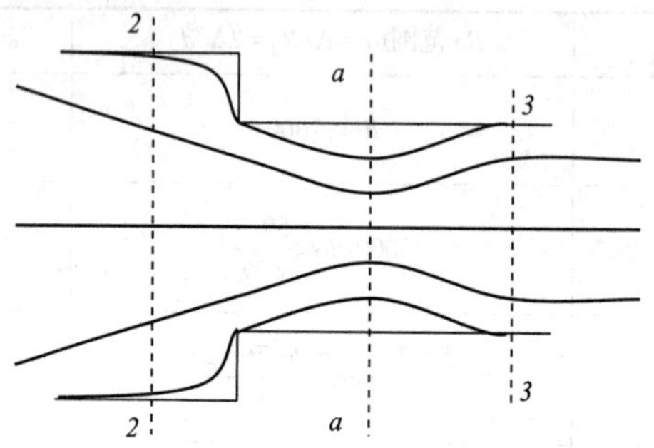

图 3-4　管路缩小示意图

$$\frac{\alpha_2 v_2^2}{2g}+\frac{p_2}{\rho g}=\frac{\alpha_a v_a^2}{2g}+\frac{p_a}{\rho g}+h_{m1} \tag{3-28}$$

$$\frac{\alpha_a v_a^2}{2g}+\frac{p_a}{\rho g}=\frac{\alpha_3 v_3^2}{2g}+\frac{p_3}{\rho g}+h_{m2} \tag{3-29}$$

在紊流时 $\alpha_a=\alpha_2=\alpha_3=1$，则

$$h_{m1}=\frac{1}{C_c^2}\left(\frac{1}{C_v^2}-1\right)\frac{v_3}{2g} \tag{3-30}$$

$$h_{m2}=\left(\frac{1}{C_c}-1\right)\frac{v_3^2}{2g} \tag{3-31}$$

其中：

$$C_v=\frac{A_a}{A_3}\quad C_c=\frac{v_a}{v_o}$$

式中　A_a——a—a 断面的截面积，cm²；

A_3——3—3 断面的截面积，cm²；

v_a——真实情况 a—a 断面的流速，m/s；

v_o——理想情况 a—a 断面的流速，m/s；

v_2——2—2 断面的流速，m/s；

v_3——3—3 断面的流速，m/s；

h_{m1}——2—2 断面与 a—a 断面的水头损失，m；

h_{m2}——a—a 断面与 3—3 断面的水头损失，m；

C_v——流速系数；

C_c——收缩系数。

当管路突然缩小时，总的水头损失为：

$$h_m = h_{m1} + h_{m2} = \left(1 + \frac{1}{C_c^2 C_v^2} - \frac{1}{C_c}\right)\frac{v_3^2}{2g} = \xi \frac{v_3^2}{2g} \tag{3-32}$$

根据 J. Weisbach 公式可得 C_c大小，C_v值一般为 0.97~0.99 之间。

$$C_c = 0.582 + \frac{0.0418}{1.1 - \frac{d_2}{d_1}} \tag{3-33}$$

(3)薄壁阻尼孔的出流。

水力脉冲波发生器工作时，工作液的流动要经过两次薄壁孔：一次是流体通过水力脉冲波发生器中心管上的薄壁孔进入活塞缸，另一次是高压流体通过活塞缸的泄流孔喷入环形空间。这两个薄壁孔的下游都不与大气相通，而是充满液体，所以属于淹没孔口范畴。液体在出流后有扩散过程(图 3-5)，在收缩断面 c—c 处速度最大，压强最低，随着射流的扩散，流速降低而压强升高，当然由于阻力产生的水头损失，压强不能完全恢复。

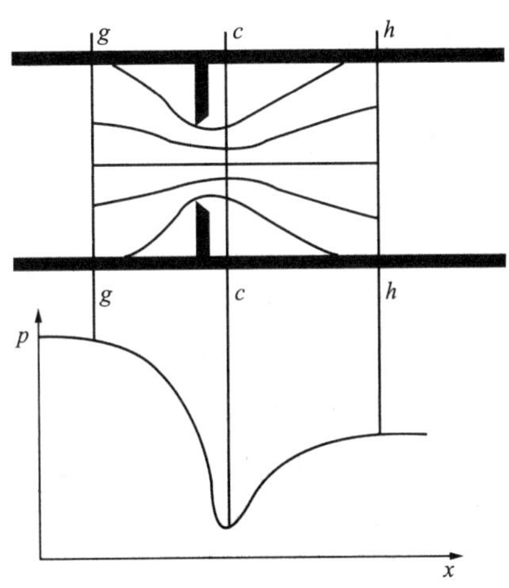

图 3-5　薄壁孔出流示意图

无论是中心管小孔还是活塞缸泄流孔，其各自每个小孔的内外压力和孔径都一样，因此可以看作并联管路，即各自每个小孔的局部压力损失是一样的。

以活塞缸泄流孔为例，由断面 g—g 至 c—c 的伯努利方程为：

$$\frac{p_g}{\rho g} + \frac{\alpha_g v_g^2}{2g} = \frac{p_c}{\rho g} + \frac{\alpha_c v_c^2}{2g} + \sum\zeta \frac{v_c^2}{2g} \tag{3-34}$$

将连续性方程 $v_g A_g = v_c A_c = v_c C_c A_o$ 代入式(3-34)得：

$$v_c = \frac{1}{\sqrt{\alpha_c - \alpha_1 \left(\frac{C_c A_o}{A_g}\right)^2 + \sum\zeta}}\sqrt{\frac{2\Delta p_c}{\rho}} \tag{3-35}$$

式中　A_g——断面 g—g 的截面积，m^2；

A_c——断面 $c—c$ 的截面积，m^2；

v_g——断面 $g—g$ 的流速，m/s；

v_c——断面 $c—c$ 的流速，m/s；

ζ——局部阻力系数；

A_o——孔口断面面积，m^2。

由于泄流小孔的截面积远远小于活塞缸高度，因此 A_o/A_g 可忽略不计，对于小孔来说，收缩断面处的流速是均匀的 $\alpha_c=1$，则：

$$v_c=\frac{1}{\sqrt{1+\sum\zeta}}\sqrt{\frac{2\Delta p_c}{\rho}}=C_v\sqrt{\frac{2\Delta p_c}{\rho}} \tag{3-36}$$

流量为：

$$Q'=v_cA_c=C_vC_cA_o\sqrt{\frac{2\Delta p_c}{\rho}}=C_dA_o\sqrt{\frac{2\Delta p_c}{\rho}} \tag{3-37}$$

在雷诺数较大的情况下，薄壁锐缘孔收缩系数 C_c 一般取 0.61～0.63，流速系数 C_v 取 0.97～0.98，则出流系数约为 0.60～0.61。

由式(3-37)可以看出，当泄流孔形状固定后，影响泄流小孔流量 Q' 大小的因素仅为压力，小孔内外的压差越大则流量越大，而水力脉冲波发生器在工作时，其活塞缸内外压差的大小主要是由水力脉冲波发生器弹簧的压缩程度决定的。当一个水力脉冲波发生器制造完成后，其活塞所产生的位移大小基本上是固定不变的，也就是说弹簧的压缩程度也是基本不变的。当弹簧达到最大压缩量时，活塞缸内外压差最大，此时通过泄流小孔的流量就是水力脉冲波发生器允许通过的最大流量值。活塞缸上泄流小孔的数量越多、弹簧的压缩程度越大则单个水力脉冲波发生器的允许最大流量值越大。管线中连接的水力脉冲波发生器数量越多，则施工时的允许最大流量值越大。

在最大流量下，水力脉冲波发生器的泄流小孔将始终处于打开状态，因而水力脉冲波发生器将无法正常工作，管线中的压力值保持恒定不变从而形成稳定流；当工作液流量超过最大流量时，泄流小孔同样始终打开，管线中由于流量的不断增大压力将不断升高，有可能损坏设备甚至发生危险。因此，在进行施工工艺设计之前，必须要计算水力脉冲波发生器的最大流量，以保证施工顺利、安全地进行。

(四)水功率和射流冲击力计算

水力脉冲波发生器的水功率可分为瞬时水功率和平均水功率。瞬时水功率是指在流体喷射瞬间水力脉冲波发生器所产生的水功率；而平均水功率是指单位时间内流体通过泄流孔时的所消耗的水力功率。水力脉冲波发生器的瞬时水功率为一定值，它是水力脉冲波发生器允许通过的最大流量所产生的水功率；而平均水功率则随着施工参数的变化而变化。相对应的水力脉冲波发生器的射流冲击力也分为瞬时冲击力和平均冲击力。根据水力学原理，水力脉冲波发生器水功率和射流冲击力可用式(3-38)表示为：

$$N_{max}=\frac{\rho Q_{max}^3}{2C_d^2A_o^2} \tag{3-38}$$

$$N_{x}=\frac{\rho Q^{3}}{2C_{d}^{2}A_{o}^{2}} \tag{3-39}$$

$$F_{maxj}=\frac{\rho Q_{max}^{2}}{A_{o}} \tag{3-40}$$

$$F_{j}=\frac{\rho Q^{2}}{A_{o}} \tag{3-41}$$

式中 Q——流经泄流小孔的平均流量，m^3/h；

N_{max}——瞬时水功率；

F_{max}——瞬时射流冲击力，N；

其他参数同上。

水力脉冲波发生器水功率一部分变成射流水功率，一部分用于克服泄流孔阻力而做功，射流水功率与泄流孔水功率相差 C_d^2倍：$N_j = C_d^2 N_x$。

C_d^2 表示了泄流孔的能量转换效率，这里由于泄流孔为直角孔，因此 C_d的取值范围在 0.60~0.61，则 C_d^2 在 0.36~0.372 之间。也就说泄流孔水功率最多只有 37.2%转换成了射流水功率，而 62.8%损耗在克服泄流孔阻力上。因此，在水力脉冲波发生器设计中有效地提高泄流孔出流系数对于提高能量利用效率极为重要。

(五)活塞的潜体阻力

水力脉冲波发生器在工作时周围被流体包围，活塞在运动过程中，流体对活塞所产生的力与活塞的运动方向相反，属于潜体阻力。活塞上端面与活塞的运动方向垂直，因此潜体阻力主要来自于上端面前后的压差，即所谓压差阻力；同时，还存在摩擦阻力，上述两种阻力的和通常用(3-42)表示：

$$D=\frac{1}{2}C_{D}A\rho U_{0}^{2} \tag{3-42}$$

式中 C_D——阻力系数，它随着物体的形状和雷诺数而异，流体作用于流体阻力的大小与其成正比；

A——活塞上端面面积，m^2；

ρ——工作液密度，kg/m^3；

U_0——活塞的运动速度，m/s。

(六)重力、浮力及弹簧力的计算

活塞主要由两部分组成：一部分为下端的圆筒，直径较小；另一部分为上端面，直径较大，设活塞的体积为 V，所受的重力为 G。

$$V=\pi(r_1^2-r_2^2)l_3+\pi(l_2-l_3)r_3^2 \tag{3-43}$$

$$G=\rho_f gV \tag{3-44}$$

式中 r_1——活塞外径，m；

r_2——活塞内径，m；

l_3——活塞下端圆筒长度，m；

ρ_f——活塞密度，kg/m^3。

弹簧力则遵循虎克定律：

$$f_t = -KY \tag{3-45}$$

水力脉冲波发生器使用的弹簧规格较大，属于圆形截面材料的圆柱压缩弹簧，其刚度系数的计算公式为：

$$K = \frac{Gd^4}{8D_2^3 n} \tag{3-46}$$

式中　G——弹簧材料切变模量，kgf/mm²(1kgf=9. 8N)；

d——弹簧材料中径，mm；

D_2——弹簧的中径，mm；

n——弹簧的工作圈数，$n = \frac{Gd^4 F}{8PD_2^3}$；

F——弹簧变形大小，mm；

P——弹簧轴向载荷，kg。

(七)运动微分方程的建立

(1)运动第一阶段。

将上述各力表达式代入式(3-47)可得：

$$\rho_f Va = (p_3 - p_8)A_1 + (\rho_w - \rho_f)gV + \pi\delta|\Delta p|(r_1 + r_2) - \pi g\delta\rho_w(l_1 r_1 + l_2 r_2) - 2\pi\mu\frac{U}{\delta}(l_1 r_1 + l_2 r_2) + \pi y r_1 g\delta\rho_w + 2\pi\mu y r_1\frac{U}{\delta} - \pi r_1(l_2 - l_1)g\delta\rho_w - 2\pi\mu r_1(l_2 - l_1)\frac{U}{\delta} - Ky - \frac{1}{2}C_D A_2\rho_w U^2 \tag{3-47}$$

式中　a——活塞的加速度，m/s²；

U——活塞的速度，m/s。

因为 $a = \frac{d^2 y}{dt^2}$，$U = \frac{dy}{dt}$，所以式(3-47)可整理得：

$$\frac{d^2 y}{dt^2} + C_1\left(\frac{d^2 y}{dt^2}\right)^2 + (C_2 y + C_3)\frac{dy}{dt} + C_4 y + C_5 = 0 \tag{3-48}$$

其中：

$$C_1 = \frac{C_D A_2 \rho_w}{2V\rho_f}$$

$$C_2 = -\frac{2\pi\mu r_1}{\rho_f V\delta}$$

$$C_3 = \frac{2\pi\mu(l_2 r_1 + l_2 r_2)}{\rho_f V\delta}$$

$$C_4 = \frac{K}{\rho_f V} - \frac{\pi r_1 g\delta\rho_w}{\rho_f V}$$

$$C_5 = \frac{1}{\rho_f V}[\pi g\delta\rho_w(l_2 r_1 + l_2 r_2) - \pi\delta|\Delta p|(r_1 + r_2) - (\rho_w - \rho_f)gV - (p_3 - p_8)A_1]$$

$$\Delta p=|p_3-p_8|$$

式(3-47)即为振动器在活塞运动的第一阶段的运动微分方程。

(2)运动第二阶段。

同理，可得第二阶段的运动微分方程为：

$$\frac{d^2y}{dt^2}+C_1\left(\frac{d^2y}{dt^2}\right)^2+(C_2y+C_3)\frac{dy}{dt}+C_4y+C_6=0 \tag{3-49}$$

其中：

$$C_6=\frac{1}{\rho_f V}[\pi\delta\Delta p(r_1+r_2)-(p_4-p_8)A_1-(\rho_w-\rho_f)Vg+\pi g\delta\rho_w(r_2l_2+r_1l_2)]$$

P_4为活塞运动第二阶段活塞下断面所受压力，根据水击理论可得：

$$p_4=p_3-\rho_w v_w u_w \tag{3-50}$$

式中　v_w——液体压力波波速，m/s；

u_w——振动器内液体流速，m/s。

(3)运动第三阶段。

$$\frac{d^2y}{dt^2}-C_1\left(\frac{d^2y}{dt^2}\right)^2+(C_2y+C_3)\frac{dy}{dt}+C_7y+C_8=0 \tag{3-51}$$

其中：

$$C_7=\frac{K+\pi r_1 g\delta\rho_w}{\rho_f V}$$

$$C_8=-\frac{1}{\rho_f V}[\pi g\delta\rho_w(r_2l_2+r_1l_1)+\pi\delta\Delta p(r_1+r_2)+(p_4-p_8)A_1+(\rho_w-\rho_f)vg]$$

(4)第四运动阶段。

P_5为第四运动阶段的活塞下端面压力：

$$p_5=\frac{(p_3-p_8)}{l_1}(l_1-y)+p_8 \tag{3-52}$$

则第四阶段的运动方程为：

$$\frac{d^2y}{dt^2}-C_1\left(\frac{d^2y}{dt^2}\right)^2+(C_2y+C_3)\frac{dy}{dt}+C_9y+C_{10}=0 \tag{3-53}$$

其中：

$$C_9=\frac{1}{\rho_f V}\left\{\pi g\delta\rho_w r_1+K+\frac{p_3-p_8}{l_1}[A_1+\pi(r_1+r_2)\delta]\right\}$$

$$C_{10}=-\frac{1}{\rho_f}[\pi\delta\Delta p(r_1+r_2)+\pi g\delta\rho_w(r_1l_2+r_2l_2)+(p_3-p_8)A_1+(\rho_w-\rho_f)vg]$$

根据上述对水力脉冲波发生器活塞运动四个过程的受力分析及相关运动方程的推导，可以建立起水力脉冲波发生器的运动数学模型：

$$\begin{cases}\dfrac{d^2y}{dt^2}+C_1\left(\dfrac{d^2y}{dt^2}\right)^2+(C_2y+C_3)\dfrac{dy}{dt}+C_4y+C_5=0\\ \dfrac{d^2y}{dt^2}+C_1\left(\dfrac{d^2y}{dt^2}\right)^2+(C_2y+C_3)\dfrac{dy}{dt}+C_4y+C_6=0\\ \dfrac{d^2y}{dt^2}-C_1\left(\dfrac{d^2y}{dt^2}\right)^2+(C_2y+C_3)\dfrac{dy}{dt}+C_7y+C_8=0\\ \dfrac{d^2y}{dt^2}-C_1\left(\dfrac{d^2y}{dt^2}\right)^2+(C_2y+C_3)\dfrac{dy}{dt}+C_9y+C_{10}=0\end{cases} \tag{3-54}$$

(八)初始条件

通过对活塞实际运动情况的分析可知，当活塞刚开始运动时，弹簧没有受到压缩，活塞处于静止状态。

$$x\big|_{t=0}=0$$
$$\left.\frac{dx}{dt}\right|_{t=0}=0 \tag{3-55}$$

二、水力脉冲波发生器动力学模型求解

上述模型属于二阶微分方程组，本文选择四阶 Runge-Kutta 法对其进行数值求解；四阶 Runge-Kutta 法解二阶微分方程的过程如下：

对二阶微分方程的初值问题：

$$\begin{cases}y''=f(x,\ y,\ y')\\ y(x_0)=y_0\\ y'(x_0)=y'_0\end{cases} \tag{3-56}$$

令 $z=y'$，则可化为下述一阶方程组的初值问题：

$$\begin{cases}y'=z\\ z'=f(x,\ y,\ z)\\ y(x_0)=y_0\\ z(x_0)=y'_0\end{cases} \tag{3-57}$$

初值问题的数值解为：

$$y_{n+1}=y_n+\frac{1}{6}(k_1+2k_2+3k_3+k_4)$$
$$z_{n+1}=z_n+\frac{1}{6}(l_1+2l_2+2l_3+l_4) \tag{3-58}$$

其中：

$$k=hz_n$$
$$k_2=h\left(z_n+\frac{1}{2}l_1\right)$$
$$k_3=h\left(z_n+\frac{1}{2}l_2\right)$$

$$k_4=h(z_n+l_3)$$

$$l_1=h_f(x_n,\ y_n,\ z_n)$$

$$l_2=hf\left(x_n+\frac{h}{2},\ y_n+\frac{k_1}{2},\ z_n+\frac{l_1}{2}\right)$$

$$l_3=hf\left(x_n+\frac{h}{2},\ y_n+\frac{k_1}{2},\ z_n+\frac{l_1}{2}\right)$$

$$l_4=hf(x_n+h,\ y_n+k_3,\ z_n+l_3)$$

式(3-58)中求出的 y_{n+1} 就是二阶微分方程的数值解。

第二节　水力脉冲波发生器串联体系动力学特征

当多个水力脉冲波发生器串联使用时，由于不同水力脉冲波发生器所产生的压力波在管线中传播将会对其他水力脉冲波发生器的振动产生影响，同时上、下水力脉冲波发生器之间由于所处位置的不同造成其内外压差不同，将导致不同水力脉冲波发生器并不同时起振，因此能否进行多个水力脉冲波发生器的串联使用，其关键是要确定管线中的压力是否相互影响。

一、水力脉冲波发生器串联动力学模型建立

水击是指压力的瞬变过程，主要是由于管线中流体流速的突然变化引起的。水力脉冲波发生器在井下工作时其活塞内的流体为瞬时喷射，流量突然增大，因而可在管线中产生水击波动。

描述水击波动的理论是以液体可以压缩和管壁产生弹性变形为基础的；分析受压力波作用的微元体的受力与质量守恒，可建立微元体运动方程和连续性方程的微分形式，将两方程联立即可分析管道中的压力波动分布。

(一)运动方程

运动方程是从处于瞬变流动的管内流体中选取微元体，应用牛顿第二定律建立的，推导方程时有两点假设：

(1)管内流体为均质一维流动，这就意味着管道横截面上的压力、流速和密度是均匀分布的；

(2)管道和流体变形均在弹性变形范围内。

设圆管内一维非恒定流动的平均流速为 v，微元体长度为 δx，管路的直径为 d，截面积为 A，如图 3-6 所示。作用在微元体上的力由三部分组成，即压力、重力以及黏性阻力或摩擦力。

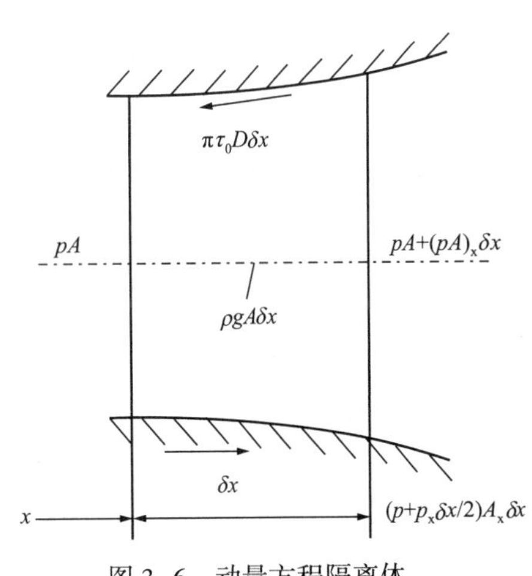

图 3-6　动量方程隔离体

压力为：$$-\frac{\partial(pA)}{\partial x}\delta x+\left(p+\frac{\partial p}{\partial x}\frac{\delta x}{2}\right)\frac{\partial a}{\partial x}\delta x \qquad (3-59)$$

重力为：

$$-\rho g\left(A+\frac{\partial A}{\partial x}\frac{\delta x}{2}\right)\delta x\sin\alpha \tag{3-60}$$

黏性阻力为：

$$-\pi\tau_0 d\delta x \tag{3-61}$$

根据牛顿第二定律并略去高阶的 δx 量，可得运动方程：

$$\frac{\partial p}{\partial x}A+\pi\tau_0 d+\rho A\frac{\mathrm{d}v}{\mathrm{d}t}=0 \tag{3-62}$$

若 $\tau=\frac{\rho\lambda v|v|}{8}$，$\lambda$ 为达西水力摩阻系数，代入式(3-62)后为：

$$\frac{\mathrm{d}V}{\mathrm{d}t}+\frac{1}{\rho}\frac{\partial p}{\partial x}+g\sin\alpha+\frac{\lambda}{2D}v|v|=0 \tag{3-63}$$

式(3-63)即为瞬变流运动方程。

(二)连续性方程

连续性方程描述的是 t 时刻流入和流出微元体的质量差等与微元体质量随时间的变化率，同样在圆管内取长度为 δx 的微元体，u 为管道的运动速度，v 为流体的运动速度。

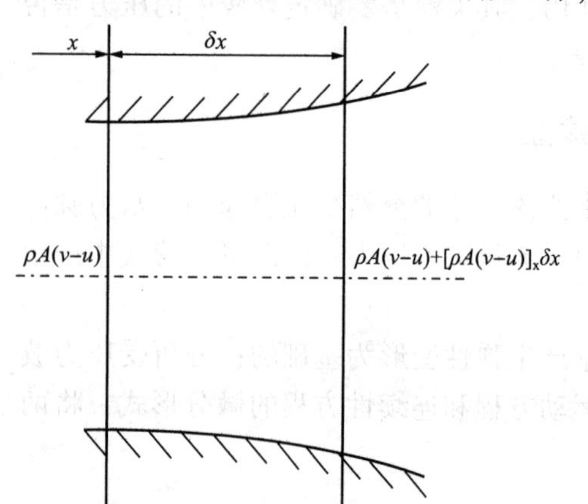

图 3-7　连续性方程控制体

如图 3-7 所示，则 Δt 时间内微元体内质量变化为 $\frac{\mathrm{d}(\rho A\delta x)}{\mathrm{d}t}$，而流入流出液体的质量差为 $-\frac{\partial[\rho A(v-u)]}{\partial x}\delta x$，根据质量守恒原理，二者相等。

$$\frac{\mathrm{d}(\rho A\delta x)}{\mathrm{d}t}+\frac{\partial[\rho A(v-u)]}{\partial x}\delta x=0 \tag{3-64}$$

因为：

$$\frac{\mathrm{d}(\rho A\delta x)}{\mathrm{d}t}=\delta x\frac{\mathrm{d}(\rho A)}{\mathrm{d}t}+\rho A\frac{\mathrm{d}\delta x}{\mathrm{d}t} \tag{3-65}$$

$$\frac{\mathrm{d}(\rho A)}{\mathrm{d}t}=\frac{\partial(\rho A)}{\partial t}+u\frac{\partial(\rho A)}{\partial x} \tag{3-66}$$

$$\frac{\mathrm{d}\delta x}{\mathrm{d}t}=\frac{\partial u}{\partial x}\delta x \tag{3-67}$$

将式(3-65)～式(3-67)代入连续性方程可得：

$$\frac{\partial v}{\partial x}+\frac{1}{\rho A}\frac{\mathrm{d}\rho A}{\mathrm{d}t}=0 \tag{3-68}$$

或

$$\frac{1}{A}\frac{\mathrm{d}A}{\mathrm{d}t}+\frac{1}{\rho}\frac{\mathrm{d}\rho}{\mathrm{d}t}+\frac{\partial v}{\partial x}=0 \tag{3-69}$$

因为流体的弹性模量　$E=-\frac{\mathrm{d}p}{(\mathrm{d}V/V)}$　$\frac{1}{\rho}\frac{\mathrm{d}\rho}{\mathrm{d}t}=V\frac{\mathrm{d}}{\mathrm{d}t}\left(\frac{1}{V}\right)=-\frac{1}{V}\frac{\mathrm{d}V}{\mathrm{d}t}=\frac{1}{E}\frac{\mathrm{d}p}{\mathrm{d}t}$

而

$$\frac{1}{A}\frac{\mathrm{d}A}{\mathrm{d}t}=\frac{D}{E_0 e}\left(1-\frac{\mu}{2}\right)\frac{\mathrm{d}p}{\mathrm{d}t}$$

式中　E_0——管材的弹性模量，Pa；

μ——管材的泊松比；

D——管材的外直径，cm；

e——管壁厚度，m。

将上述各式代入连续性方程可得：

$$\left[\frac{D}{E_0 e}\left(1-\frac{\mu}{2}\right)+\frac{1}{E}\right]\frac{\mathrm{d}p}{\mathrm{d}t}\frac{1}{\rho}+\frac{1}{\rho}\frac{\partial v}{\partial x}=0 \tag{3-70}$$

当管壁变形时，其压力波的传播速度 a 为：

$$a=\sqrt{\frac{E}{\rho}}\left[1+\frac{D}{E_0}\frac{E}{e}\left(1-\frac{\mu}{2}\right)\right]^{1/2} \tag{3-71}$$

则连续性方程为：

$$\frac{\partial p}{\partial t}+\rho a^2\frac{\partial v}{\partial x}=0 \tag{3-72}$$

对于液体流动，经常用按任意基准算起的水力坡度线高度(也称为压头)H 来代替绝对压力 p，它们之间的关系是 $H=\frac{p}{\rho g}+z$。式中，z 是管子中心线在 x 处的标高。计算出的水力坡度线高度 H 与测压计水头相差一个大气压。因此，用 H 代替压力 p 后，瞬变流的运动方程和连续性方程为以下形式：

$$\begin{cases}\dfrac{\partial v}{\partial t}+g\dfrac{\partial H}{\partial x}+\dfrac{\lambda}{2d}v|v|=0\\[2ex]\dfrac{a^2}{g}\dfrac{\partial v}{\partial x}+\dfrac{\partial H}{\partial t}=0\end{cases} \tag{3-73}$$

二、水力脉冲波发生器串联动力学模型求解

管内不稳定流的运动方程和连续方程是具有两个因变量(H，v)和两个自变量(x，t)的一阶拟线性双曲型偏微分方程组，由于二次摩擦项的存在，目前难以求出解析解。V. L. Streeter 于 1962 年提出的特征线法在求解瞬变流方程时具有独到的优越性。通过组合全微分的形式，把运动方程和连续方程组成的偏微分方程组转换成沿特征线的常微分方程组，从而提供了方便的求解过程；它的理论严密，物理意义明确，精度高，已被广泛应用于求解流体瞬变工程问题。

(一)特征方程

特征方程是用一对特征值将两个偏微分方程线性组合，这里设运动方程为 L_1，连续性方程为 L_2，特征值为 η，进行线性组合得到：

$$\begin{aligned}L&=L_1+\eta L_2=\frac{\partial v}{\partial t}+g\frac{\partial H}{\partial x}+\frac{\lambda}{2d}v|v|+\eta\left(\frac{a^2}{g}\frac{\partial v}{\partial x}+\frac{\partial H}{\partial t}\right)\\&=\eta\left(\frac{\partial H}{\partial t}+\frac{g}{\eta}\frac{\partial H}{\partial t}\right)+\left(\frac{\eta a^2}{g}\frac{\partial v}{\partial x}+\frac{\partial v}{\partial t}\right)+\frac{\lambda}{2d}v|v|\end{aligned} \tag{3-74}$$

因变量 v 和 H 均是 x 和 t 的函数，根据微分法则，有：

$$\frac{\mathrm{d}H}{\mathrm{d}t}=\frac{\partial H}{\partial x}\frac{\mathrm{d}x}{\mathrm{d}t}+\frac{\partial H}{\partial t} \tag{3-75}$$

$$\frac{\mathrm{d}v}{\mathrm{d}t}=\frac{\partial v}{\partial x}\frac{\mathrm{d}x}{\mathrm{d}t}+\frac{\partial v}{\partial t} \tag{3-76}$$

要想使线性组合方程变为全微分方程，则其条件为：

$$\frac{\mathrm{d}x}{\mathrm{d}t}=\left(1+\frac{g}{\eta}\right)=\left(1+\frac{\eta a^2}{g}\right) \tag{3-77}$$

所以，可求得 $\eta=\pm\frac{g}{a}$，对应 η 的不同取值有如下方程：

当 $\eta=\frac{g}{a}$时，有：

$$C^+:\begin{cases}\frac{\mathrm{d}V}{\mathrm{d}t}+\frac{g}{a}\frac{\mathrm{d}H}{\mathrm{d}t}+\frac{\lambda}{2D}V|V|=0\\ \frac{\mathrm{d}x}{\mathrm{d}t}=a\end{cases} \tag{3-78}$$

当 $\eta=-\frac{g}{a}$，有：

$$C^-:\begin{cases}\frac{\mathrm{d}V}{\mathrm{d}t}-\frac{g}{a}\frac{\mathrm{d}H}{\mathrm{d}t}+\frac{\lambda}{2D}V|V|=0\\ \frac{\mathrm{d}x}{\mathrm{d}t}=-a\end{cases} \tag{3-79}$$

上述两个方程组即为方程(3-73)的特征方程组，其中 C^+表示在 $x-t$ 平面上特征线的斜率为正，C^-表示其特征线的斜率为负。

(二)特征方程的离散

特征方程虽然是常微分方程，但由于摩阻项是非线性的，仍然不能用积分方法来求解，需要对方程进行离散化处理。

沿管道长度等间距地分成 N 段，空间步长 $\Delta x=\frac{L}{N}$，时间步长 $\Delta t=\frac{\Delta x}{a}$，把 $x-t$ 平面划成网格(图 3-8)管道的结点数为 $N+1$；正向倾斜对角线 AP 满足方程(3-75)设 A 点的因变量 H_A和 V_A已知，则方程(3-75)可在 A 点和 P 点之间积分，从而用 P 点的未知变量 H_P和 V_P把方程表示出来；同理用 B 点的已知条件 H_B和 V_B和 P 点的未知条件 H_P和 V_P可以得到用在 P 点两个未知量表示的第二个方程。联立求解这两个方程，可以求出两个未知变量 H_P和 V_P。

在一个网格范围内，沿 C^+特征线，在 $i-1$ 和 i 之间，对方程分离变量后积分得：

$$\frac{a}{g}(V_{pi}-V_{i-1})+(H_{pi}-H_{i-1})+\frac{\lambda}{2gD}\int_{x_{i-1}}^{x_i}V|V|\mathrm{d}x=0 \tag{3-80}$$

对于摩擦力项近似处理有许多方法，如显式近似、线性隐式近似和非线性近似等。对于显式格式，当流体黏度大或管道很长时，累计误差可能使计算结果偏离实际情况很远，造成计算不稳定。因此，这里采用线性隐式近似，一方面它具有二阶精度，可以消除计算不稳定；另一方面它不需要迭代，可以方便求解。

方程中$\frac{\lambda}{2gD}\int_{x_{i-1}}^{x_i} V|V|\mathrm{d}x=\frac{\lambda\Delta x}{2gD}V_{i-1}|V_{i-1}|$，最终可得如下方程：

$$C^+:\ \frac{a}{g}(V_{pi}-V_{i-1})+(H_{pi}-H_{i-1})+\frac{\lambda\Delta x}{2gD}V_{i-1}|V_{i-1}|=0 \tag{3-81}$$

$$C^-:\ \frac{a}{g}(V_{pi}-V_{i+1})-(H_{pi}-H_{i+1})+\frac{\lambda\Delta x}{2gD}V_{i+1}|V_{i+1}|=0 \tag{3-82}$$

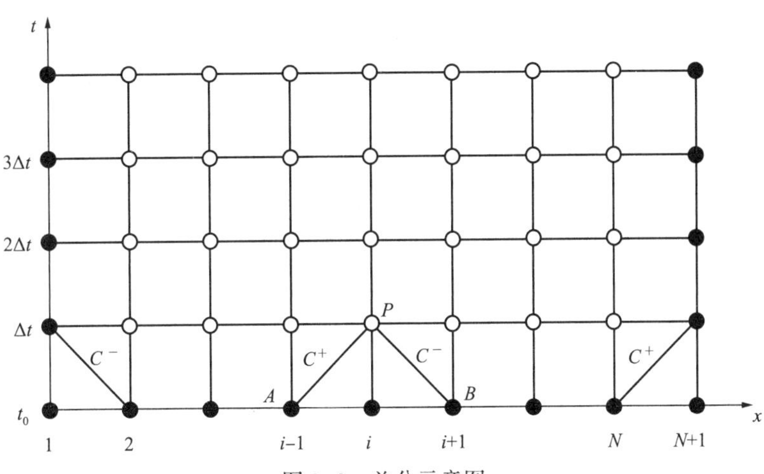

图 3-8　差分示意图

一般情况下，常用流量代替速度，这样更方便应用。经整理后可得以下形式：

$$C^+:\ H_{pi}=C_p-BQ_{pi} \tag{3-83}$$

$$C^-:\ H_{pi}=C_M+BQ_{pi} \tag{3-84}$$

式中　$C_p=H_{i-1}+BQ_{i-1}-RQ_{i-1}|Q_{i-1}|$；

$C_M=H_{i+1}-BQ_{i+1}+RQ_{i+1}|Q_{i+1}|$；

$B=\frac{a}{gA_d}$；

$R=\frac{\lambda\Delta x}{2gDA_d^2}$；

A_d——管道截面积，m^2；

Q——流量，m^3/s。

方程(3-83)和方程(3-84)即为对特征方程离散化后的结果。

(三)时间步长的选取

对于本书研究的管道系统来讲，所采用的特征线计算法，要求所有管段的时间步长必须一致，这就给各管段的离散加了一个约束条件，同时任一条水击波速 a 不变的单特征管道的网格分段数 n 必须为正整数。即对于系统内任一管段应有式(3-85)成立：

$$\Delta t=\frac{L_i}{a_iN_i}\qquad (i=1,\ 2,\ 3\cdots\cdots) \tag{3-85}$$

式中　L_i——第 i 段管线的长度，m；

a_i——第 i 段管线的波速，m/s；

N_i——第 i 段管线的分成的段数。

计算时间步长 Δt 允许的最大取值 Δt_{max}，主要由系统瞬变过程的速率和计算精度要求决定。

多个水力脉冲波发生器在串联使用过程中，由于各水力脉冲波发生器在井筒中所处的位置不同，因此流体到达各水力脉冲波发生器所产生的水头损失也不相同，从而造成各水力脉冲波发生器中心管内的水压与环空水压的压差存在着微小的差异；正是这种差异造成了不同位置水力脉冲波发生器的振动周期不尽相同。处于上部的水力脉冲波发生器由于流体达到其中心管处流经的管段长度短、水头损失小，因此上游水力脉冲波发生器内外部的压差要大于下游的水力脉冲波发生器，从而导致振动周期短。而下游水力脉冲波发生器由于水头损失大、压差小，所以振动周期长，位置越靠下则振动周期越长。

当上游水力脉冲波发生器中心管内的流体瞬间喷出泄流孔时，将在整个管线中产生压力波动；而此时由于下游水力脉冲波发生器的振动周期长，其中心管内流体还未喷出泄流孔。若此时上游水力脉冲波发生器产生的压力波动传播到下游水力脉冲波发生器中心管位置，将使下游水力脉冲波发生器中心管内水压迅速下降，从而无法正常工作；因此要确定多水力脉冲波发生器串联时能否正常工作，只需判定上游水力脉冲波发生器的压力波能否在两水力脉冲波发生器周期时间差内传播到下游水力脉冲波发生器即可。

根据上述基本原理，确定整个的计算时间为第一个振动器与最后一个水力脉冲波发生器周期的差。计算时间为：

$$\Delta t < t_1 - t_2 \tag{3-86}$$

式中　t_1——第一个振动器周期，s；

t_2——最后一个振动器周期，s。

目前，常用的 Δt 取值方法是调整波速法，即通过适当调整管线中波速的大小来满足管线所分的段数为整数。因为一般来讲，管线中水击波速的大小很难精确确定，所以这一方法对最终结果产生的影响较小。

$$\Delta t = \frac{L_i}{a_i(1 \pm \psi_i) N_i} \tag{3-87}$$

式中，ψ_i为第 i 段管线中的波速调整系数，一般来讲$-0.15 < \psi_i < 0.15$。调整波速法在应用时，首先选取管线中长度最短的管段，根据上述时间步长的选取原则结合计算精度要求确定管段的分段段数 N；然后根据已确定的 Δt 值计算其他管段的分段段数，若 N 值为正整数则说明波速适合，若 N 值为分数则要对波速进行适当调整，以满足 N 值为整数的要求。

(四)初边条件

(1)初始条件。

在水力脉冲的现场施工中，一般情况下注入到井筒流体的流量为一定值，因此多个水力脉冲波发生器串联时的初始条件即为稳态工况下的流动：

$$\begin{cases} Q(i,\ 0) = Q_0(i) \\ H(i,\ 0) = H_0(i) \end{cases} \tag{3-88}$$

(2)边界条件。

水力脉冲波发生器在井下作业时，需要连接在油管上，因此在连接水力脉冲波发生器位置存在着不同管径管线节点，即存在串联管道问题；同时由于多个水力脉冲波发生器相连，上游水力脉冲波发生器所处节点的处理属于多管道与流体元件的耦合问题。管道系统中有内部边界和外部边界之分。独立的管道起点、终点为外部边界，管道系统内的接点、设备等为内部边界。

①外部边界。

本系统中上游为流量恒定的泵，下游为处于最下方的水力脉冲波发生器。对于上游边界，只能用 C^- 特征方程；对于下游边界，只能使用 C^+ 特征方程(图 3-9)。

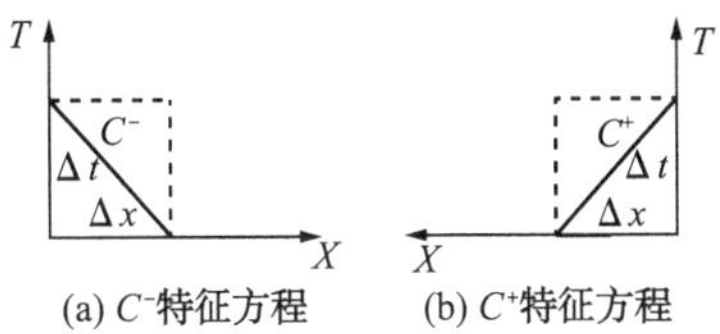

图 3-9　外部边界条件处的特征线

上游边界：

$$\begin{cases} H_1'(0,\ t)=H_1(1,\ t)-B_1Q_1'(1,\ t)+R_1Q_1'|Q_1'|+B_1Q_1'(0,\ t) \\ Q_1'(0,\ t)=Q_0 \end{cases} \tag{3-89}$$

下游边界：

$$\begin{cases} Q_n'(n,\ t)=Q_n'(n-1,\ t) \\ H_n'(n,\ t)=H_n'(n-1,\ t)+B_nQ_n'(n-1,\ t)-R_nQ_n'(n-1,\ t)\,|Q_n'(n-1,\ t)|-B_nQ_n'(n-1,\ t) \end{cases} \tag{3-90}$$

式中　$H_1'(0,\ t)$——第一管段第一节点处的瞬态液柱高度，m；

$Q_1'(0,\ t)$——第一管段第一节点处的瞬态流量，m^3/s；

$H_n'(n,\ t)$——第 n 管段第 n 节点处的瞬态液柱高度，m；

$Q_n'(n,\ t)$——第 n 管段第 n 节点处的瞬态流量，m^3/s。

②内部边界。

根据多个水力脉冲波发生器使用的实际情况可知，该情况下管路系统的内部边界主要分为两类：一种为串联管内部边界；另一种为管道与流体元件的耦合边界。

a. 串联管接点。

对于串联管路，管路接点两侧流速不同，压力波速也不同。接点对管 i 是下游边界，对管 i+1 是上游边界。根据串联管路的特点可知，接点两侧流量相等。如果忽略接点的局部阻力和速度头的差别，则接点上、下游两侧压力相等。这样，对于变径接点处仅有两个变量(H_p，Q_p)，对应有两个特征方程，可以求解管路变径点处的两个变量(图 3-10)。

对于上游侧，可以写出对应管 i 的 C^+ 特征方程：

$$H_p=C_p-B_1Q_p \tag{3-91}$$

对于下游侧，可以写出对应管 i+1 的 C^- 特征方程：

$$H_p=C_m+B_2Q_p \tag{3-92}$$

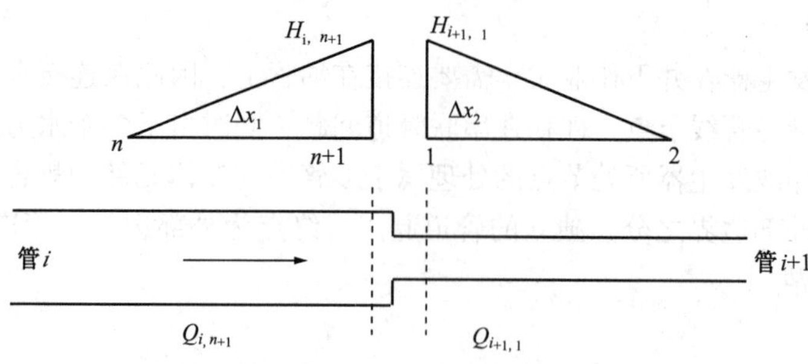

图 3-10　变径管接点示意图

联立上述两求解方程，可得：

$$Q_p = \frac{C_p - C_m}{B_1 + B_2} \tag{3-93}$$

在本书所研究管道系统中，流体的流量 Q_p 为已知值，因此可直接根据流量计算两管道的压力值，其表达式为：

$$\begin{cases} H_j'(n,\ t) = C_j^P - B_j Q_j'(n,\ t) \\ H_{j+1}'(0,\ t) = C_{j+1}^M - B_{j+1} Q_{j+1}'(0,\ t) \\ Q_j'(n,\ t) = Q_{j+1}'(0,\ t) \end{cases} \tag{3-94}$$

其中：

$$C_j^P = H_j'(n-1,\ t) + B_j Q_j'(n-1,\ t) - R_j Q_j'(n-1,\ t) \mid Q_j'(n-1,\ t) \mid$$

$$C_{j+1}^M = H_{j+1}'(0,\ t) - B_{j+1} Q_{j+1}'(0,\ t) + R_{j+1} Q_{j+1}'(0,\ t) \mid Q_{j+1}'(0,\ t) \mid$$

b. 管道与流体元件的耦合。

本书中所研究的管道系统，存在着多个水力脉冲波发生器与管道的衔接点。处理好水力脉冲波发生器与管道衔接点的边界条件，对于设计好系统仿真程序是很重要的。目前，处理该问题主要有两种方法：节点法和容腔法。节点法是根据连接点处各元件压力相等和流量守恒原理。容腔法是认为管道和各元件连接点处为一个有一定体积的容腔，以该容腔为一控制体写出流体状态方程。

根据多水力脉冲波发生器串联使用的实际情况，本书利用节点法来处理管道与水力脉冲波发生器的耦合问题。可将水力脉冲波发生器认为是连接在管路上的一条支线(图 3-11)。

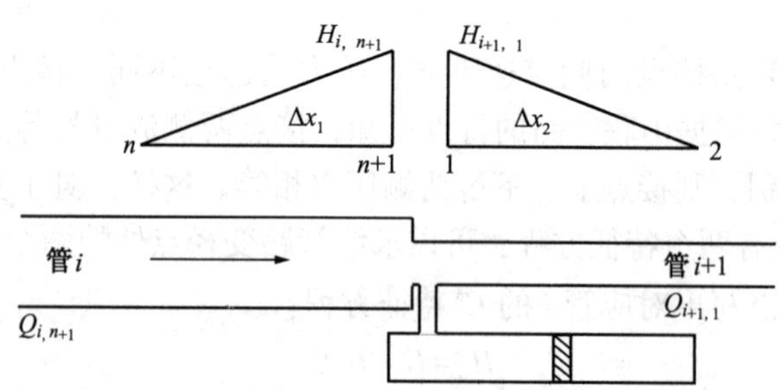

图 3-11　变径管线与水力脉冲波发生器接点示意图

因为连接点处压力相等而流量守恒，因此可得方程组：

$$\begin{cases} H_i = H_{i+1} = H_j \\ \sum_{i=1}^{m} Q_i + \sum_{j=1}^{n} \hat{Q}_j = 0 \end{cases} \quad (m,\ n = 1,\ 2,\ 3\cdots) \tag{3-95}$$

式中　Q_i——接点处管道 i 的流量，m^3/s；

$\hat{Q}_j$——接点处流体元件 j 的流量，m^3/s；

H_j——接点处流体元件 j 的压力(液柱高度)，m；

H_i——接点处管道 i 的压力(液柱高度)，m。

对于管道，根据特征方程可得：

$$Q_i = \frac{k_i(F_i - P_i)A_i}{\rho a} \quad (i=1,\ 2,\ 3\cdots) \tag{3-96}$$

式中，F_i 对应于第 i 个管道的特征相 C_{pi} 或 C_{mi}。当第 i 个管道在接点处有流体流入时，$F_i = C_{mi}$，$k_i = -1$；当接点处有流体流出时，$F_i = C_{pi}$，$k_i = 1$。

对于水力脉冲波发生器而言，则有：$\hat{Q}_j = f(H_j)$，这里 $f(H_j)$ 为水力脉冲波发生器压力流量特征确定的函数。根据单个水力脉冲波发生器的数学模拟结果可知，水力脉冲波发生器内的压力将随时间不断上升，而流量恒定不变。因此可得式(3-97)：

$$H_j = \frac{\hat{Q}_j t}{A_j^2 \rho g} k \tag{3-97}$$

式中　k——水力脉冲波发生器弹簧的刚度，N/m；

t——流体流入水力脉冲波发生器的时间，s。

由此可得该耦合问题的离散方程组为：

$$\begin{cases} H_j = \dfrac{\hat{Q}_j t}{A_j^2 \rho g} k \\ H_j = H_i(n,\ t) = H_i(0,\ t) \\ Q_i(n,\ t) = \dfrac{C_{pi} - H_i(n,\ t)}{B_i} \\ Q_{i+1}(0,\ t) = \dfrac{C_{m(i+1)} - H_i(0,\ t)}{B_{i+1}} \\ \hat{Q}_j = Q_i(n,\ t) - Q_{i+1}(0,\ t) \end{cases} \tag{3-98}$$

利用上述初始边界条件即可较准确地计算出水力脉冲波发生器所产生压力波在管线中的传播情况，以便于分析上游水力脉冲波发生器对下游水力脉冲波发生器的影响。

第三节　水力脉冲波作用下地层压力波传播动力学特征

水力脉冲波发生器在井筒中工作时，在每个振动周期内其能量主要以脉冲射流的方式释放到井底地层，因此其压力波动可近似认定为脉冲波，如图 3-12 所示。

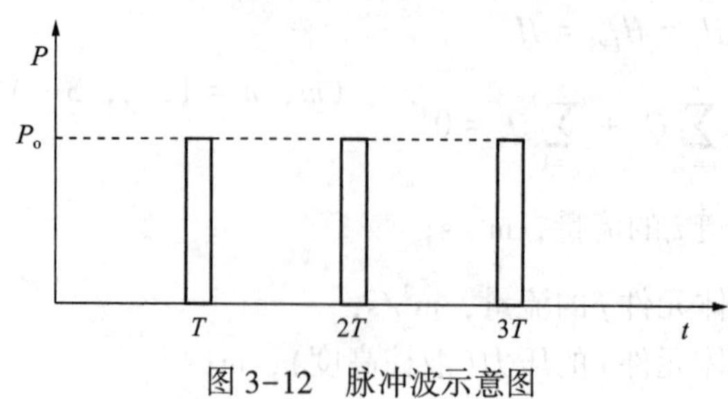

图 3-12　脉冲波示意图

结合脉冲波场的振动特点建立了平面一维渗流模型。

一、水力脉冲波作用下地层压力波传播动力学模型建立

该模型中运动方程和连续性方程的建立与地层不稳定渗流模型相同，这里不再重复，结合脉冲波场下的初边条件，该模型最终建立为：

$$\begin{cases} \dfrac{\partial^2 p}{\partial x^2}=\dfrac{1}{\eta}\dfrac{\partial p}{\partial t} \\ p(0,t)=p_w+f(t) \\ p(L,t)=p_e \\ p(x,0)=p_w+\dfrac{p_e-p_w}{L}x \\ f(t)=\begin{cases} 0 & nT<t<\dfrac{b}{a}(n+1)T \\ p_o & \dfrac{b}{a}(n+1)T\leqslant t\leqslant(n+1)T \end{cases} \quad \left(n=0,1,2\cdots\cdots;0<\dfrac{b}{a}<1\right) \end{cases} \tag{3-99}$$

式中　p_w——井底稳定压力，Pa；

L——地层长度，m；

p_0——脉冲波振幅，Pa；

p_e——外边界压力，Pa；

t——时间，s；

T——振动周期，s；

η——导压系数，$\eta=\dfrac{K}{\Phi\mu C}$，$m^2/s$。

二、水力脉冲波作用下地层压力波传播动力学模型求解

由于边界条件的振荡性，因此在数值求解脉冲振动渗流方程时，时间步长不能超过单个振动周期，而这将导致数值求解中计算量的剧增以及运算过程的不稳定，从而增加了求解难度，因此本书利用解析方法对其进行求解。

本模型中的内边界条件中含有不连续函数 $f(t)$，因此应首先利用傅氏级数将其展开，由于为解析求解，限于推导过程的复杂性，因此对脉冲函数 $f(t)$ 进行了二阶展开(取 $b/a=0.75$)。

$$f_T(t)=\frac{p_0}{4}+\frac{p_0}{\pi}(\cos\omega t-\sin\omega t-\sin2\omega t) \tag{3-100}$$

根据非齐次边界条件处理方法，设方程中：

$$P(x,\ t)=V(x,\ t)+W(x,\ t) \tag{3-101}$$

其中：

$$W(x,\ t)=P_w+f_T(t)+\frac{P_e-[P_w+f_T(t)]}{L}x \tag{3-102}$$

因此，原模型转化为下述定解问题：

$$\begin{cases}\dfrac{\partial^2 v}{\partial x^2}=\dfrac{1}{\eta}\dfrac{\partial v}{\partial t}+\dfrac{1}{\eta}\left(1-\dfrac{x}{L}\right)f_T'(t)\\ v(0,t)=0\\ v(L,t)=0\\ v(x,0)=0\end{cases} \tag{3-103}$$

根据固有函数法，设 $V(x,\ t)=\sum\limits_{n=1}^{\infty}v_n(t)\sin\dfrac{n\pi x}{l}$；

$$F(x,\ t)=\frac{1}{\eta}\left(1-\frac{x}{L}\right)f'_T(t)=\sum_{n=1}^{\infty}f_n(t)\sin\frac{n\pi x}{l} \tag{3-104}$$

其中：

$$f_n(t)=\frac{2}{l}\int_0^l\frac{1}{\eta}\left(1-\frac{x}{L}\right)f_T'(t)\sin\frac{n\pi x}{l}\mathrm{d}x=\frac{2f_T'(t)}{\eta n\pi}$$

$$f'_T(t)=-\frac{p_0\omega}{\pi}(\sin\omega t+\cos\omega t+2\cos\omega t)$$

将上述处理代入模型中得：

$$\begin{cases}v_n'(t)+\eta\left(\dfrac{n\pi}{L}\right)^2v_n(t)=-\dfrac{2f'_T(t)}{n\pi}\\ v_n(0)=0\end{cases} \tag{3-105}$$

解得：

$$\begin{aligned}V(x,\ t)&=\sum_{n=1}^{\infty}\left[\frac{2\omega p_0e^{-\alpha t}}{n\pi^2}\int_0^t e^{\alpha t}(\sin\omega t+\cos\omega t+2\cos2\omega t)\,\mathrm{d}t\right]\sin\frac{n\pi x}{l}\\&=\sum_{n=1}^{\infty}\frac{2\omega p_0e^{-\alpha t}}{n\pi^2}\left[\begin{aligned}&\left(\frac{\omega^2}{\omega^2+\alpha^2}\right)\left(\frac{1}{\omega}-\frac{e^{\alpha t}}{\omega}\cos\omega t+\frac{\alpha e^{\alpha t}}{\omega^2}\sin\omega t\right)\\&+\left(\frac{\omega^2}{\omega^2+\alpha^2}\right)\left(\frac{e^{\alpha t}\sin\omega t}{\omega}+\frac{\alpha e^{\alpha t}\cos\omega t}{\omega^2}-\frac{\alpha}{\omega^2}\right)\\&+\left(\frac{4\omega^2}{4\omega^2+\alpha^2}\right)\left(\frac{e^{\alpha t}\sin2\omega t}{\omega}+\frac{\alpha e^{\alpha t}\cos2\omega t}{2\omega^2}-\frac{\alpha}{2\omega^2}\right)\end{aligned}\right]\sin\frac{n\pi x}{l}\end{aligned} \tag{3-106}$$

其中:

$$\alpha=\frac{\eta n^2\pi^2}{l^2}$$

所以，最终模型的解为:

$$P(x,\ t)=P_w+\frac{p_0}{4}+\frac{p_0}{\pi}\cos\omega t-\frac{p_0}{\pi}\sin\omega t-\frac{p_0}{\pi}\sin 2\omega t+\frac{P_e-\left(P_w+\frac{p_0}{4}+\frac{p_0}{\pi}\cos\omega t-\frac{p_0}{\pi}\sin\omega t-\frac{p_0}{\pi}\sin 2\omega t\right)}{L}x+$$

$$\sum_{n=1}^{\infty}\frac{2\omega p_0e^{-\alpha t}}{n\pi^2}\left[\begin{array}{l}\left(\frac{\omega^2}{\omega^2+\alpha^2}\right)\left(\frac{1}{\omega}-\frac{e^{\alpha t}}{\omega}\cos\omega t+\frac{\alpha e^{\alpha t}}{\omega^2}\sin\omega t\right)+\\ \left(\frac{\omega^2}{\omega^2+\alpha^2}\right)\left(\frac{e^{\alpha t}\sin\omega t}{\omega}+\frac{\alpha e^{\alpha t}\cos\omega t}{\omega^2}-\frac{\alpha}{\omega^2}\right)+\\ \left(\frac{4\omega^2}{4\omega^2+\alpha^2}\right)\left(\frac{e^{\alpha t}\sin 2\omega t}{\omega}+\frac{\alpha e^{\alpha t}\cos 2\omega t}{2\omega^2}-\frac{\alpha}{2\omega^2}\right)\end{array}\right]\sin\frac{n\pi x}{l} \tag{3-107}$$

此方程即为水力脉冲波动条件下地层压力传播计算公式。

第四节 本章小结

(1)通过对单个水力脉冲波发生器的运动部件的受力分析建立起单个振动器运动的数学模型，完成了其相关的参数分析。

(2)根据水击理论分析了多个水力脉冲波发生器串联条件下管线中的压力波动，提出了研究多个水力脉冲波发生器串联的数学方法。

(3)基于地层不稳定渗流模型，结合脉冲波场下的初边条件，建立了水力脉冲波作用下地层压力波传播动力学模型，得到了水力脉冲波动条件下地层压力传播计算公式。

第四章　水力脉冲波实验装置及实验方法

近年来，水力脉冲波增产技术在现场获得了较好的应用效果，对于该项技术的装备、技术原理、动力学机理等都进行了相关的研究；水力脉冲波技术的室内研究能够为相关研究提供更加真实、有效的实验数据，并为现场应用提供理论支撑。本章介绍了水力脉冲波室内实验装置，以及水力脉冲波对岩心渗流特性和对流体注入性能的影响。

第一节　水力脉冲波室内实验装置

一、水力脉冲波室内实验装置

为便于开展水力脉冲室内模拟实验，设计了适用于室内实验研究的实验装置，如图 4-1 所示，主要包括高频脉动压力伺服系统、精密平流泵、岩心夹持器、压力变送器、回压变送器、换压变送器、环压泵、回压泵、中间容器和连接管线等。

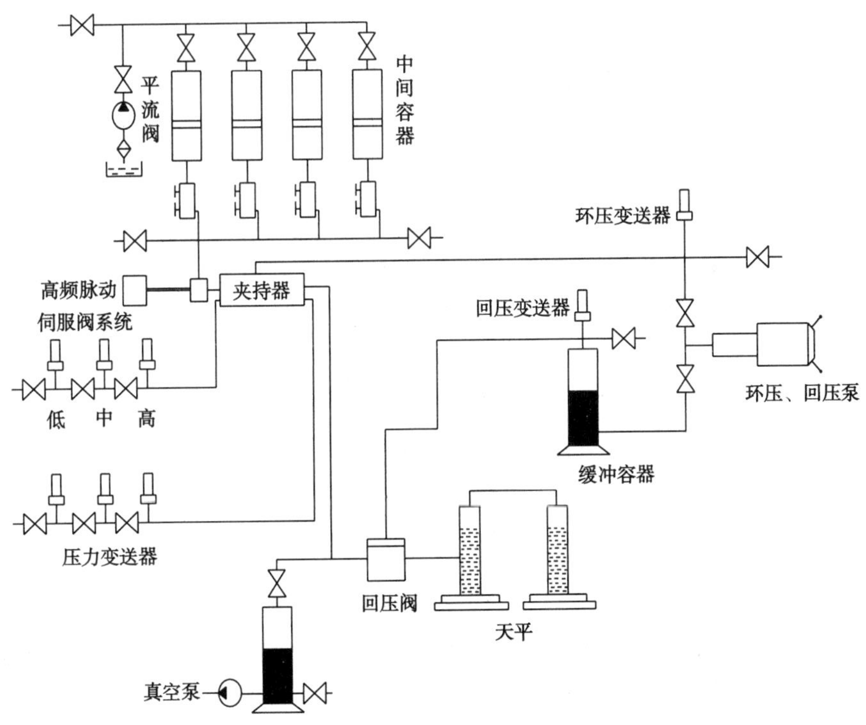

图 4-1　水力脉冲波对岩心渗透率影响实验流程图

二、高频脉动压力伺服系统

高频脉动压力伺服系统使水驱油过程中管线中的水产生高速的往复运动，然后作用于岩心，产生较好的驱油效果，它是水力脉冲波增产技术的一种室内模拟装置。

该室内模拟装置通过分析研究压力波动参数与油井地质岩层的渗透率等物理参数之间关系，以便用于油田的增产过程，提高油井的产量。

（一）系统构成

系统主要由油源、蓄能器、高频脉动压力伺服阀，油液隔离装置，压力传感器，功率放大器等构成。

（二）主要技术指标

（1）控制压力：

$$P_C = P_0 + P_1 \sin\omega t$$

其中：

$P_0 < 8\text{MPa}$（平均静压）

P_1：0.02~4MPa（压力波动振幅）

（2）压力稳定度：2%。

（3）频率稳定度：1%。

（4）频率范围：

0~999Hz	可调（手动，定点）
20~650Hz	P_1：0.02~4MPa
650~999Hz	$P_1 < 2\text{MPa}$

（三）技术方案

脉动压力伺服系统的特点包括：①压力伺服系统；②实现高频脉动压力，该系统的方案确定是根据以上两个特点考虑制定的。作为压力系统，应具有压力可调控功能，即如图4-2所示，A、B两个液阻都可变化，即同时反向变化，当一个液阻变大时，另一个液阻变小；反之，亦然。

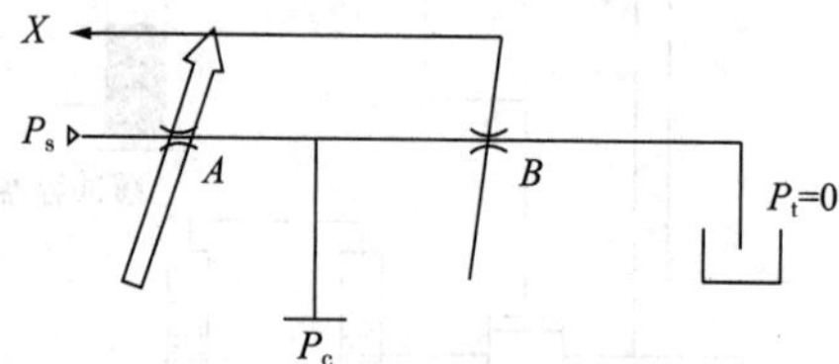

图4-2　两个可同时反向变化的液阻示意图

在图4-2中，A、B为相反方向变化的可变液阻，P_c为控制压力。液压半桥采用双液阻反向可调控液压半桥方案，即预开口滑阀结构，如图4-3所示。

在图4-3中，P_s为油源供油压力，P_c为控制压力。P_t为回油压力（$P_t = 0$），δ为阀芯处在中位时，单边预开口量。

关于阀芯的驱动，采用大功率高频响励磁马达——动圈结构进行驱动。

当阀芯处于中位时，$P_c=P_s/2$。

故控制压力 $P_c=P_0+P_1\sin\omega t$ 中的 $P_c=P_0=P_s/2$。即静压的获得可以通过系统的供油压力调整来获得，这是考虑到 P_0 的最大值为系统供油压力的半值。当然，静压的获得还可以通过调整电控装置“静压”给定，用电调的办法改变两个节流边的预开口度，从而实现控制压力直流分量的可调。

交变脉动压力 $P_1\sin\omega t$ 的获得是通过给伺服阀动圈施加一个同频率的交变电流信号来驱动伺服阀阀芯移动，使之产生脉动压力。

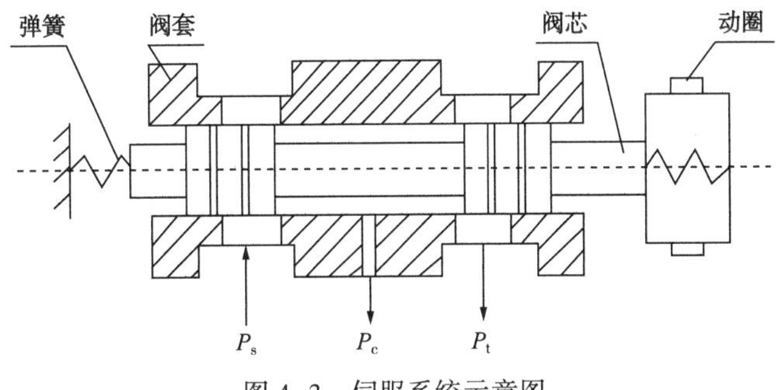

图 4-3　伺服系统示意图

第二节　水力脉冲波对岩心渗流特性的影响

近年来，国内外对水力脉冲波技术的研究和应用进展很快，形成了系列的配套设备和工艺技术，使水力脉冲波工艺技术渐趋成熟。本节对水力脉冲波对多孔介质中单相液体流动的影响，以及不同振动参数的影响程度进行研究，分析了水力脉冲波增产的机理。

一、实验介绍

(1)用气测法得出各岩心的原始渗透率。

(2)水力脉冲波对岩心单相渗透特征的影响。

(3)将岩心饱和油，测量振动处理前的岩心渗透率，作为基准渗透率。然后启动低频脉冲波，测量岩心在振动条件下的渗透率，研究低频脉冲波对岩心渗透率的影响。

二、水力脉冲波对岩心渗透率的影响

岩心实验数据见表 4-1。

表 4-1　岩心实验数据表

岩心号	216	217	218
直径/cm	2. 52	2. 52	2. 50
长度/cm	6. 50	6. 18	6. 28
渗透率/$10^{-3}\mu m^2$	13. 257	15. 125	18. 289

续表

岩心号	216	217	218
孔隙度/%	16.00	13.40	12.92
模拟油黏度/mPa · s	1.636	1.636	1.636
注入水黏度/mPa · s	0.895	0.895	0.895
测定温度/℃	30	30	30
束缚水饱和度/%	33.1	31.7	32.9

(一)实验及结果分析

(1)振动时只加静压、频率为零时渗透率结果(表 4-2)。

表 4-2 只加静压、频率为零时渗透率结果

岩心	静压/MPa	0	2	3	4	5	6	7
1 号	渗透率/$10^{-3}\mu m^2$	11.835	15.167	17.245	16.908	19.651	19.423	18.716
2 号		14.694	18.752	22.685	21.588	25.087	24.517	23.403
3 号		17.032	24.634	27.296	29.027	29.266	30.069	29.229

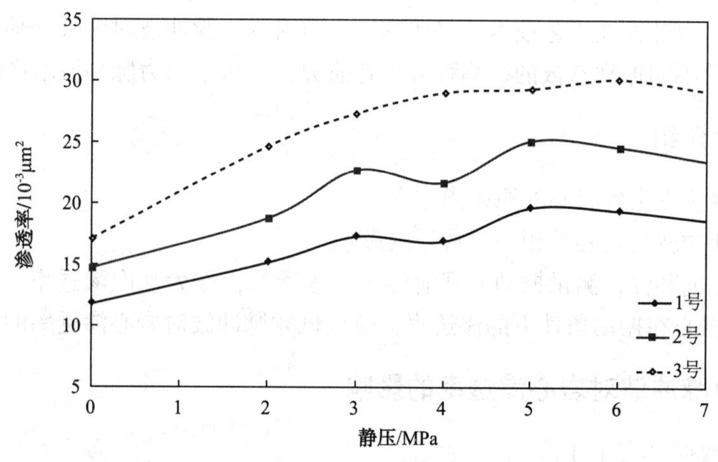

图 4-4 1 号、2 号和 3 号岩心渗透率变化

从图 4-4 可以看出，水力脉冲波作用后岩心的渗透率发生了变化，从几个测试点来看岩心的渗透率变化较未加水力脉冲波前是逐渐变大的，说明只加静压振动可以改善岩心的渗透率。施加水力脉冲波后 1 号岩心最大可提高渗透率 66.04%，2 号岩心可提高 70.73%，3 号岩心最大可提高 76.54%。

从图 4-4 可以看出，水力脉冲波的最优静压范围应在 5~6MPa 之间，这之间岩心的渗透率提高幅度最大。

(2)振动时改变频率、静压为零时渗透率结果(表 4-3)。

表 4-3 改变频率、静压为零时渗透率结果

岩心	频率/Hz	20	40	60	80	100	120
4 号	渗透率/$10^{-3}\mu m^2$	11.197	13.319	14.012	15.735	15.984	15.888
5 号		13.41	10.886	9.751	10.194	10.763	9.759
6 号		24.634	29.027	30.069	29.229	17.271	30.069

在静压为零的条件下，改变水力脉冲波频率同样可以提高岩心的渗透率。4 号岩心最大可提高渗透率达 53.050%，5 号岩心提高渗透率达 34.132%，6 号岩心渗透率提高达 24.334%。由图 4-5 可以看出，振动频率在 80~100Hz 左右时，岩心的渗透率达到最大。在饱和煤油的 6 号岩心中，岩心的最优振动频率出现在 60Hz 左右。

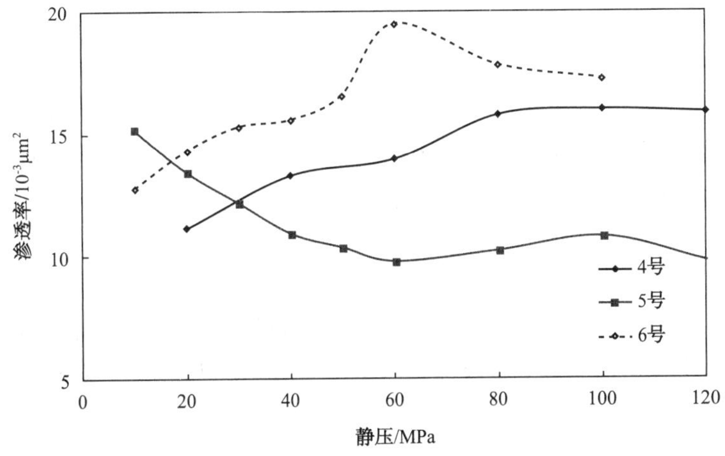

图 4-5 4 号、5 号和 6 号岩心渗透率变化

(3)振动时静压为 5MPa、改变频率时渗透率结果(表 4-4)。

表 4-4 静压为为 5MPa、改变频率时渗透率结果

岩心	频率/Hz	20	40	60	80	100	120
7 号	渗透率/$10^{-3}\mu m^2$	17.061	16.792	10.191	10.436	10.459	9.286
8 号		15.219	17.138	17.056	16.728	17.303	16.676

由图 4-6 可以看出，对 7 号岩心渗透率增加有利的频率范围为 0~40Hz，在 60~100Hz 频率范围的实验点的渗透率比未加振动的实验点降低较大。对 8 号岩心，在频率范围 40~100Hz 范围内岩心渗透率都有所增加，可能对这块岩心渗透率增加有利的频率范围在 40~100Hz 之间。对比 7 号岩心和 8 号岩心的振动频率–渗透率的关系曲线图可以发现，渗透率的最优频率范围也在 100Hz 左右，这与不加静压只改变振动频率测得的渗透率的最优频率范围是一致的。

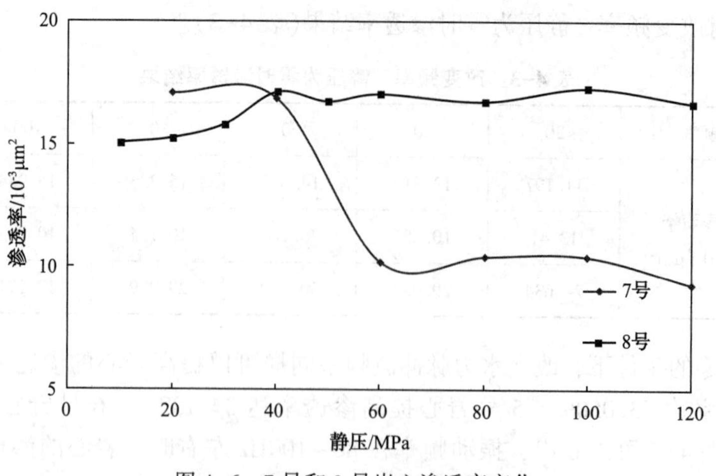

图 4-6 7 号和 8 号岩心渗透率变化

第三节 水力脉冲波对流体注入性能的影响

目前，大家公认物理法采油对采收率具有促进作用，但众多的研究成果只能给出作业时频率的大致范围。使得物理法采油技术的优势远未发挥出来，影响了物理法采油技术的可信性、可行性及进一步的研究和推广。因此，通过实验方法对振动提高原油采收率进行深入的研究，为水力脉冲波技术的合理应用提供坚实的理论基础。

实验设备：高频脉动压力伺服系统，水力脉冲波室内模拟实验装置，实验采用人造岩心，由江汉油田勘探开发研究院生产，是由石英砂和硫酸铝胶结而成；实验用油为模拟油（煤油），实验用水为按标准盐水配方配置的模拟地层水；实验温度为恒温 30℃。

实验步骤：

(1)将抽提、烘干后的岩样测其绝对渗透率，并称岩心的干重。

(2)抽真空，然后在真空状态下饱和水。

(3)待岩样完全饱和。

(4)将岩样放入岩心夹持器，加环压，然后开始油驱水。

(5)待油再也驱不出水时，测其束缚水饱和度。

(6)然后进行水驱油，待水驱不出油且压力稳定后，测其孔隙内的残余油饱和度。

(7)代入公式计算原油的采收率值。

一、正交设计实验方案

本实验主要考虑 3 个影响因素，频率 f(单位 Hz)、静压 P_0(单位 MPa)、动压 P(单位 MPa)，每个因素有 3 个水平，在其各阶固有频率范围内进行振动参数布点，使实验点的频率在各阶固有频率附近(岩心的一阶固有频率为 40Hz，二阶为 60Hz)，和前面实验中的频率较好点(80Hz)；静压选择则是根据前面实验中的静压较好点 5MPa，然后前后各选择了一个点 2MPa 和 5MPa。动压的选择则是由于高频伺服系统的最大量程为 2MPa，选择 0.5MPa 又过小，所以选择了 1MPa、1.5MPa 和 2MPa(表 4-5)。

表 4-5　正交实验

水平＼因素	A f/Hz	B P_0/MPa	C P/MPa
1	40	2	1
2	60	5	1.5
3	80	8	2

根据“整体设计”思想，且各因素的每个水平搭配的原则，作“部分实施”的设计方案，该实验为三水平的正交表(表 4-6)。

表 4-6　正交表 $L_9(3^4)$

实验号＼列号	1	2	3	4
1	1	1	1	1
2	1	2	2	2
3	1	3	3	3
4	2	1	2	3
5	2	2	3	1
6	2	3	1	2
7	3	1	3	2
8	3	2	1	3
9	3	3	2	1

根据表 4-6，结合本实验，得到正交实验方案(表 4-7)。

表 4-7　正交实验方案

编号＼因素	A f/Hz	B P_0/MPa	C P/MPa	考查指标(K)
1	40	2	1	
2	40	5	1.5	
3	40	8	2	
4	60	2	1.5	
5	60	5	2	
6	60	8	1	
7	80	2	2	
8	80	5	1	
9	80	8	1.5	

二、实验数据分析

岩心实验数据见表 4-8。

表 4-8 岩心实验数据表

岩心号	B-72	B-87	B-2	B-76	B-11
岩心长度(L)/cm	5.841	8.069	5.363	5.655	8.053
岩心直径(d)/cm	2.531	2.497	2.481	2.541	2.491
气测渗透率(K_g)/$10^{-3}\mu m^2$	16.869	15.643	19.675	18.577	20.421
岩心孔隙体积/mL	11.93	10.58	9.89	11.44	12.23
实验温度(T)/℃	30	30	30	30	30
煤油黏度(μ_0)/mPa · s	1.27	1.27	1.27	1.27	1.27
地层水黏度(μ_w)/mPa · s	0.875	0.875	0.875	0.875	0.875
振动频率/Hz	0	40	40	40	60
静压/MPa	0	2	5	8	2
动压/MPa	0	1	1.5	2	1.5
束缚水饱和度(S_{wi})/%	31.92	32.81	31.80	33.23	30.18
残余油饱和度(S_{or})/%	34.50	32.48	30.90	31.19	25.25
采收率(η)/%	49.31	51.62	54.71	53.32	63.73
岩心号	B-71	B-74	B-82	B-81	B-40
岩心长度(L)/cm	5.117	5.133	7.983	7.961	4.981
岩心直径(d)/cm	2.535	2.521	2.495	2.497	2.537
气测渗透率(K_g)/$10^{-3}\mu m^2$	16.553	16.642	19.515	19.275	19.926
岩心孔隙体积/mL	9.10	10.02	11.28	11.07	9.18
实验温度(T)/℃	30	30	30	30	30
煤油黏度(μ_0)/(mPa · s)	1.27	1.27	1.27	1.27	1.27
地层水黏度(μ_w)/(mPa · s)	0.875	0.875	0.875	0.875	0.875
振动频率/Hz	60	60	80	80	80
静压/MPa	5	8	2	5	8
动压/MPa	2	1	2	1	1.5
束缚水饱和度(S_{wi})/%	30.46	32.08	33.11	30.70	33.15
残余油饱和度(S_{or})/%	23.90	21.30	27.48	27.79	27.50
采收率(η)/%	65.37	68.08	58.89	59.85	58.88

利用正交实验设计方法，对实验结果进行分析，结果见表 4-9 和表 4-10。

表 4-9 残余油饱和度的正交分析结果

实验号 \ 因素	1 A（频率/Hz）	2 B（静压/MPa）	3 C（动压/MPa）	考查指标 残余油饱和度/%
1	1	1	1	32.48
2	1	2	2	30.90
3	1	3	3	31.19
4	2	1	2	25.25
5	2	2	3	23.90
6	2	3	1	21.30
7	3	1	3	27.48
8	3	2	1	27.79
9	3	3	2	27.50
K_1	94.57%	85.21%	81.57%	各因素水平指标求和
K_2	70.45%	82.59%	83.65%	
K_3	82.77%	79.99%	82.57%	
$K_1/3$	31.52%	28.40%	27.19%	各因素水平指标和平均值
$K_2/3$	23.48%	27.53%	27.88%	
$K_3/3$	27.59%	26.66%	27.52%	
极差	8.04%	1.74%	0.60%	最好方案为 $A_2B_3C_1$
优方案	A_2	B_3	C_1	

从表 4-9 可以看出，在水力脉冲波作用下，岩心的残余油饱和度都有不同程度的降低，采收率都有不同程度的提高，改变的幅度和振动参数的取值有关。实验中最好的方案为 $A_2B_3C_1$，最佳频率为岩心的固有频率 60Hz，静压为 8MPa，动压为 1MPa。岩心 B-73 的残余油饱和度降低了 13.19%，采收率提高了 18.78%，增产效果显著。

表 4-10 采收率的正交分析结果

实验号 \ 因素	1 A（频率/Hz）	2 B（静压/MPa）	3 C（动压/MPa）	考查指标 残余油饱和度/%
1	1	1	1	51.62
2	1	2	2	54.71
3	1	3	3	53.32
4	2	1	2	63.73
5	2	2	3	65.37
6	2	3	1	68.08

续表

实验号＼因素	1 A（频率/Hz）	2 B（静压/MPa）	3 C（动压/MPa）	考查指标 残余油饱和度/%
7	3	1	3	58.89
8	3	2	1	59.85
9	3	3	2	58.88
K_1	159.65%	174.24%	179.55%	各因素水平指标求和
K_2	197.18%	179.93%	177.32%	
K_3	177.62%	180.28%	177.58%	
$K_1/3$	53.22%	58.08%	59.85%	各因素水平指标和平均值
$K_2/3$	65.73%	59.98%	59.11%	
$K_3/3$	59.21%	60.09%	59.19%	
极差	12.51%	2.01%	0.74%	最好方案为 A_2 B_3 C_1
优方案	A_2	B_3	C_1	

第四节 本章小结

（1）水力脉冲波的增产效果与岩石的性质和振动参数有关，如果振动参数选择不当，很可能会适得其反，且存在最佳组合问题。因而，振动脉冲参数的选取对于振动施工来说是相当重要的。

（2）水力脉冲波对低渗透率岩心的影响较大。对于低渗透岩心，残余油饱和度降低幅度可达13%，采收率提高幅度可达18%。

（3）单独的位移振动和水力振动对储层岩心渗流特性影响已经作了初步研究，选择适当的振动参数，两者都可以提高采收率，达到增产增注的目的。但是不足之处在于，频率的范围在固有频率附近，范围很窄，否则有可能降低采收率。另外，需要大功率振源，在现场施工有一定的困难。

第五章　水力脉冲波对颗粒的微观解堵动力学

造成储层堵塞的堵塞物主要为无机堵塞物和有机堵塞物两类，而不论是岩石矿物还是有机重质组分等各种堵塞物，在地层中往往都是以颗粒的形式存在，这些颗粒堵塞物一般是以表面沉积，多颗粒桥型堵塞和大颗粒堵塞等形式造成储层的堵塞。在水力脉冲波解堵过程中，低频水力脉冲波会对储层中的各种颗粒物施加力的作用而使沉积颗粒因受到波动力的作用而发生滚动，使表面沉积颗粒，桥塞等脱落而解除堵塞物的影响。本章以储层中的颗粒堵塞物为研究对象，将水力脉冲波简化为平面简谐纵波，研究了水力脉冲波动力学参数对地层中微观颗粒的作用。

第一节　水力脉冲波传播动力学研究

水力脉冲波以纵波的传播形式作用于堵塞地层，地层中质点在波场条件下发生往复振动，波的传播方向与地层中质点的振动方向、地层中流体的流动方向在同一直线上，加之水力脉冲波多列脉冲波的不断叠加增强了水力脉冲波对地层的解堵效果。下面是基于纵波理论研究水力脉冲波相关动力学参数。为方便计算，将水力脉冲波简化为平面简谐纵波。

一、水力脉冲波波动方程推导

分析平面简谐纵波沿圆柱体传播的情况，其微元 BC 在纵波作用下的形变情况如图 5-1 所示。当纵波到达微元时，其所发生的形变是压缩或拉伸，且各处的应变不同。由图可以看出，微元 BC 形变后其截面 B 和截面 C 分别到达 B' 和 C' 的位置。将微元拉伸，作用于微元两端面的弹性力分别是 f_1 和 f_2。可以列出微元 BC 的运动方程。

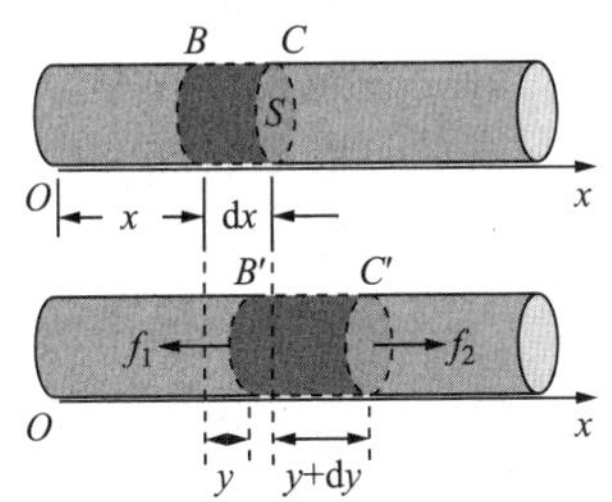

图 5-1　平面简谐纵波在圆柱体中传播微元示意图

$$f_2-f_1=\rho(S\Delta x)\frac{\partial^2 y}{\partial^2 t} \tag{5-1}$$

微元的初始长度为 Δx，当微元受到波的作用后，微元的长度变化为 $(y+\Delta y)-y=\Delta y$，故拉伸应变是$\frac{\Delta y}{\Delta x}$，将所选取的微元无限变小时，微元的拉伸应变可以写成$\frac{\partial y}{\partial x}$。微元受到波的作用后，其各处产生的拉伸应变不同，将微元 x 处端面的拉伸应变记作$\frac{\partial y}{\partial x}x$。由胡克定律，微元 x 处端面受到的弹性力 f_1 的大小为：

$$f_1=ES\frac{\partial y}{\partial x}x \tag{5-2}$$

式中，E 是圆柱体材料的杨氏模量。$x+\Delta x$ 处的拉伸应变记为 $\left(\frac{\partial y}{\partial x}\right)_{x+\Delta x}$，该处弹性力 f_2 的大小则为：

$$f_2=ES\left(\frac{\partial y}{\partial x}\right)_{x+\Delta x} \tag{5-3}$$

微元所受合力为：

$$f_2-f_1=ES\left[\left(\frac{\partial y}{\partial x}\right)_{x+\Delta x}-\left(\frac{\partial y}{\partial x}\right)_{x}\right]=ES\frac{\partial^2 y}{\partial^2 x}\Delta x \tag{5-4}$$

由于所取微元的长度 Δx 很小，因此在式(5-4)计算过程中略去了 Δx 的高次方项。将式(5-4)代入式(5-1)，化简得到：

$$\frac{\partial^2 y}{\partial^2 t}=\frac{E}{\rho}\frac{\partial^2 y}{\partial^2 x} \tag{5-5}$$

式(5-5)就是纵波的波动方程。该波动方程尽管是由均匀圆柱体推出的，但对于一般的固体弹性介质均适用。

二、水力脉冲波相关动力学参数求解

(一)水力脉冲波波速及波强度

对于一维平面简谐纵波波函数式(5-6)必定是波动方程(5-5)的解：

$$y=A\cos\left[\omega\left(t-\frac{x}{u}\right)+\phi\right] \tag{5-6}$$

式中　A——振幅值，cm；

ω——振动角频率，rad/s；

t——振动时间，s；

x——波传播距离，cm；

u——传播介质中的波速，cm/s；

ϕ——初相位，rad。

首先将波函数式(5-6)对时间 t 进行二阶偏导数的求解，得：

$$\frac{\partial^2 y}{\partial^2 t}=-A\omega^2\cos\left[\omega\left(t-\frac{x}{u}\right)+\phi\right] \tag{5-7}$$

再将同一波函数对坐标 x 进行二阶偏导数的求解，得：

$$\frac{\partial^2 y}{\partial^2 x}=-A\left(\frac{\omega}{u}\right)^2\cos\left[\omega\left(t-\frac{x}{u}\right)+\phi\right] \tag{5-8}$$

将式(5-7)、式(5-8)代入波动方程(5-5)，可以得到纵波波速 u 的表达式：

$$u=\sqrt{\frac{E}{\rho}} \tag{5-9}$$

波的强度 I(能流密度)即为垂直通过单位面积的平均能流。可以推导其表达式为：

$$I=\frac{1}{2}\rho A^2\omega^2 u \tag{5-10}$$

式中　I——波的强度，W/m^2。

(二)水力脉冲波振动质点相关振动参数

对于水力脉冲波需要考虑脉冲的叠加，由波函数式(5-6)的振幅初始值设定为 A_0。考虑到水力脉冲波能量的耗散，将耗散系数 $e^{-\beta x}$ 引入式(5-6)，可得地层孔隙条件下振动波的方程，即：

$$y=A_0e^{-\beta x}\cos\left[\omega\left(t-\frac{x}{u}\right)+\phi\right] \tag{5-11}$$

式中　β——衰减系数，取决于地层孔隙结构和孔隙中流体性质。

水力脉冲发生器在井下运行之后，会在地层中产生多列脉冲波的叠加。首列脉冲波的方程如下：

$$y_1=A_0e^{-\beta x}\cos\left[\omega\left(t-\frac{x}{u}\right)+\phi_1\right] \tag{5-12}$$

第二列脉冲波在与首列波间隔时间 t_0 后发出，其波动方程：

$$y_2=A_0e^{-\beta x}\cos\left[\omega\left(t-\frac{x}{u}\right)+\phi_2\right] \tag{5-13}$$

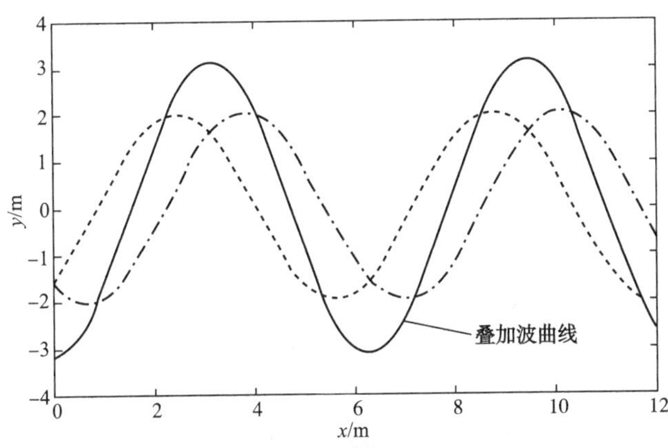

图 5-2　两列波叠加示意图

同一振源发出的不同列的脉冲波具有相同的初始相位与振幅。所以，当振源发出第二列脉冲波时，前一列波已经振动了 ωt_0 相位，即得 $\phi_1-\phi_2=\omega t_0$。

振源发出的两列脉冲波发生叠加后，振动方程如下：

$$Y_2=A_2e^{-\beta x}\cos\left[\omega\left(t-\frac{x}{u}\right)+\phi_2\right] \tag{5-14}$$

其中：

$$A_2=\sqrt{2A_0^2+2A_0^2\cos(\phi_2-\phi_1)}$$

$$\phi_2=\tan^{-1}\frac{A_0\sin\phi_1+A_0\sin\phi_2}{A_0\cos\phi_1+A_0\cos\phi_2}$$

第三列脉冲波产生之后与前两列波叠加，方程如下：

$$Y_3=A_3e^{-\beta x}\cos\left[\omega\left(t-\frac{x}{u}\right)+\phi_3\right] \tag{5-15}$$

其中：

$$A_3=\sqrt{A_2^2+A_0^2+2A_2A_0\cos(\phi_2-\phi_3)}$$

$$\phi_3=\tan^{-1}\frac{A_0\sin\phi_3+A_3\sin\phi_2}{A_0\cos\phi_3+A_0\cos\phi_2}$$

以此类推，振源在间隔$(n-1)t_0$时间之后发出第 n 列脉冲波，振动方程如下：

$$y_n=A_0e^{-\beta x}\cos\left[\omega\left(t-\frac{x}{u}\right)+\phi_n\right]\qquad n>3 \tag{5-16}$$

第 n 列波与前面的 $n-1$ 列波发生叠加，方程如下：

$$Y_n=A_ne^{-\beta x}\cos\left[\omega\left(t-\frac{x}{u}\right)+\phi_n\right]\qquad n>3 \tag{5-17}$$

其中：

$$A_n=\sqrt{A_{n-1}^2+A_0^2+2A_{n-1}A_0\cos(\phi_{n-1}-\phi_{n-1})}$$

$$\phi_n=\tan^{-1}\frac{A_0\sin\phi_{n-1}+A_{n-1}\sin\phi_{n-1}}{A_0\cos\phi_{n-1}+A_{n-1}\cos\phi_{n-1}}$$

$$\phi_n-\phi_{n-1}=\omega t_0$$

对式(5-17)求导后可得叠加之后的质点的振动速度，即：

$$v_m=\frac{\partial\ Y_n(t)}{\partial\ t}=-\omega A_ne^{-\beta x}\sin\left[\omega\left(t-\frac{x}{u}\right)+\phi_n\right] \tag{5-18}$$

质点的振动加速度：

$$a_m=\frac{\partial Y_n'(t)}{\partial\ t}=-A_n\omega^2e^{-\beta x}\cos\left[\omega\left(t-\frac{x}{u}\right)+\phi_n\right] \tag{5-19}$$

第二节　水力脉冲波地层颗粒解堵微观动力学研究

储层堵塞物包括无机堵塞和有机堵塞物，为简化分析，从微观角度上用多孔介质模拟地层，将堵塞物视为堵塞颗粒进行研究，建立相应的颗粒堵塞微观模型，分析水力脉冲波条件下孔道中堵塞颗粒的受力情况，研究在水力脉冲波作用下的微观解堵机理。

Ramachandran 等研究了多孔介质中存在的表面沉积和水力桥型堵塞情况，对水力桥型堵塞存在的临界条件进行了归纳。

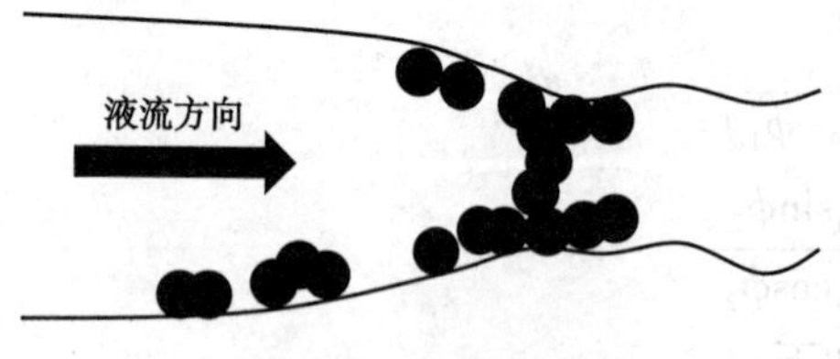

图 5-3　桥塞堵塞示意图

地层颗粒堵塞模拟大多采用多孔介质模型，将多孔介质的孔隙简化成毛管束，其直径大小在 10μm 左右，孔隙颗粒直径大小在 1～10μm 之间。而颗粒堵塞多孔介质孔隙主要有 3 种作用方式：表面沉积堵塞、多颗粒桥型堵塞和大颗粒堵塞，本节主要研究地层孔道表面沉积堵塞的情况。图 5-3 为桥塞堵塞示意图。

一、表面沉积解堵动力学研究

(一)堵塞颗粒与孔壁脱离的临界条件

对孔壁黏附的颗粒进行受力分析，如图 5-4 所示，颗粒受力包括外界的拉力 F_D、黏附力 F_A及提升力 F_L。黏附颗粒可以通过滚动、提升、拖动三种运动方式脱离孔道表面，其中容易证明颗粒的滚动是最简单的表面脱离方式。

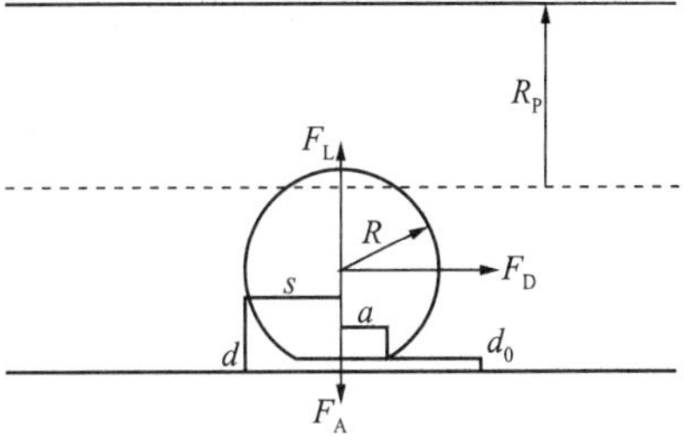

图 5-4　孔壁黏附颗粒受力分析

Hubbe 在 1984 年证明了当黏附颗粒处于受力平衡状态时，黏附力 F_A、提升力 F_L和拉力 F_D满足以下关系：

$$1.4RF_D=a(F_A-F_L) \tag{5-20}$$

式中，a 是颗粒受到黏附力作用形成扁平部分的半径。易知黏附力和提升力的方向相反，Leighton 在 1995 年推出了提升力 F_L与拉力 F_D之间的定量关系：

$$F_L=0.287RF_D \tag{5-21}$$

式中，力的单位是 N；颗粒半径 R 的单位是 m。

由式(5-20)可知，若颗粒发生滚动，颗粒所受的拉力 F_D 必须大于式(5-22)所得的临界值：

$$F_D \geqslant \frac{\mathrm{a}(F_A-F_L)}{1.4R} \tag{5-22}$$

式(5-22)即为颗粒与孔壁发生脱落所满足的受力临界条件。

(二)水力脉冲振动力

对于水力脉冲波作用下的颗粒解堵，式(5-22)中的拉力即水力脉冲波对堵塞物施加的振动力(简称水力脉冲振动力)：

$$F_D=ma_m=mA_n\omega^2e^{-\beta x}\cos\left[\omega\left(t-\frac{x}{u}\right)+\phi_n\right] \tag{5-23}$$

式中　A_n——水力脉冲波的振幅叠加值，cm；

ω——水力脉冲波的振动角频率，rad/s；

t——水力脉冲波的振动时间，s；

ϕ——振动叠加相位，rad；

m——颗粒的质量，kg。

将堵塞颗粒与孔壁间的黏附力及水力脉冲振动力代入式(5-22)，当满足振动力大于临界振动力时，即发生沉积颗粒与孔壁滚动脱离，从而达到水力脉冲波解除表面沉积堵塞的效果。

(三)颗粒与孔壁之间的黏附力

本书主要参考了 Tutuncu、Sharma 在 1992 年所提出有关黏附力的计算方法。对颗粒进行受力分析可以得到颗粒受到的合力为：

$$F_{total}=F_{vdw}+F_{st}+F_{bont}+F_{dl}+F_g \tag{5-24}$$

式中 F_{vdw}——范德华力，N；

F_{st}——结构力，N；

F_{bont}——玻恩力，N；

F_{dl}——双电层静电排斥力，N；

F_g——重力，N。

孔道表面与球形黏附颗粒间的单位面积上的范德华力由式(5-25)计算：

$$F''_{vdw}=-\frac{A}{6\pi d^3}f(p) \tag{5-25}$$

式中 A——哈梅克常数，与孔壁表面、颗粒及孔隙内流体的相关物性有关。

式(5-25)中 $f(p)$ 为修正因子：

$$f(p)=\frac{1+3.54p}{1+1.77p} \quad p<1 \tag{5-26}$$

$$f(p)=\frac{0.98}{p}-\frac{0.434}{p^2}+\frac{0.067}{p^3} \quad p>1 \tag{5-27}$$

其中，$p=2\pi h/\lambda_L$，h 为普朗克常数，λ_L 取 100nm 量级。

单位面积上的结构力由式(5-28)计算：

$$F''_{str}=K_1/\sin^2(d/2l) \tag{5-28}$$

式中 l、K_1——与结构有关的参数。

单位面积上的波恩力由式(5-29)计算：

$$F''_{born}=\frac{A\sigma}{45d^9} \tag{5-29}$$

式中 σ——粒子碰撞半径。

双电层静电排斥力由式(5-30)计算：

$$F''_{dl}=64N\text{k}T\gamma^2\text{e}^{-\kappa d} \tag{5-30}$$

其中：$\gamma=\tanh\frac{e\psi}{4kT}$ $\kappa=\sqrt{\frac{8\pi Ne^2}{\varepsilon kT}}$

式中 N——单位体积所含的离子数；

e——单位电荷，C；

k——波尔兹曼常数；

ψ——表面电势，mV；

T——温度，K；

κ——德拜长度，nm^{-1}；

ε——水的介电常数。

颗粒重力为：

$$F_g=\rho gV \tag{5-31}$$

式中 ρ——颗粒的密度，kg/m^3；

V——颗粒的体积，m^3。

对于小颗粒而言，其重力往往忽略不计。

综上，颗粒所受到的合力为：

$$F_{\text{total}} = \sum \left\{ \pi a^2 F''_{\text{i}} + 2\pi \int_a^R F''_{\text{i}} [\text{d}(s, R, d_0)] s\text{d}s \right\} \tag{5-32}$$

式中，第一部分是颗粒扁平部分受到的作用力，第二部分是颗粒圆形部分受到的作用力。

易知，颗粒平衡状态下，

$$F_{\text{total}} = 0 \tag{5-33}$$

假设颗粒扁平部分的圆形平面半径 a 已知（a 与颗粒、孔壁的弹性和范德华力有关），利用式（5-32）和式（5-33）可以计算 d_0。假设范德华力与弹性力相等，则范德华力与弹性系数之间的关系为：

$$F_{\text{vdw}}(d, R, R_{\text{P}}) = \frac{4a^3(R+R_{\text{P}})}{3\pi(k_1+k_2)RR_{\text{P}}} \tag{5-34}$$

其中，k_1、k_2 为弹性系数，由式（5-35）给出：

$$k_{\text{i}} = \frac{1-\delta_{\text{i}}^2}{\pi E_{\text{i}}} \tag{5-35}$$

式中　δ——泊松比；

E——杨氏模量，Pa；

i——颗粒或者孔壁，假设孔壁与颗粒物性相同，则 $k_1=k_2$，$E_1=E_2$。

二、表面沉积解堵参数求解

计算黏附力 F_{A}（范德华力）之前，先假设一个 a 值，根据式（5-34）估算范德华力，再按照式（5-25）求解得到颗粒处于受力平衡状态时的 d_0，对式（5-32）进行积分计算，判断其值是否为零。如果不等于零，改变 a 值，重复计算；如果等于零，则得到了一个 a 值，按照式（5-34）可求取黏附力。计算所需要的参数见表 5-1，所得到的 a 及 F_{A} 计算结果如图 5-5 和图 5-6 所示。

表 5-1　表面沉积相关计算基础参数表

物理量	数值	物理量	数值
杨氏模量/GPa	1.6	温度/K	300
泊松比	0.15	颗粒密度/（kg/m^3）	2650
表面电势/mV	20	迂曲度	1
水的介电常数	80	衰减系数	0.01
结构常数/（N/m^2）	10^6	波的作用距离/m	1.5
结构常数/m^{-1}	10^{-9}	孔隙度	0.15
粒子碰撞半径/nm	0.4		

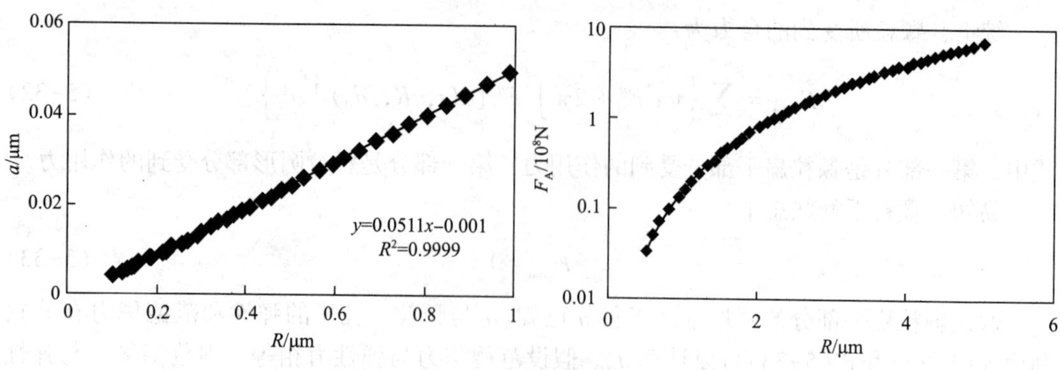

图 5-5　a 与颗粒半径的关系变化曲线　　图 5-6　黏附力与颗粒半径的关系变化曲线

由图 5-5 及图 5-6 可知，颗粒形变部分的平面半径 a 比颗粒半径小一个数量级，黏附力随着颗粒半径的增大呈逐渐增大的趋势。由式(5-22)的颗粒脱离的临界条件，通过黏附力 F_A、提升力 F_L 及水力脉冲振动力 F_D 的表达式可计算水力脉冲波解除颗粒表面沉积堵塞的所需的波的相关动力学参数。

采用 Kozeny 方程[式(5-36)]建立岩心渗透率与水力脉冲波解除颗粒堵塞动力学模型的关系。

$$K=\frac{\phi D_{eff}^2}{8\tau} \tag{5-36}$$

式中　D_{eff}——有效直径，μm；

ϕ——岩心孔隙度，%；

τ——迂曲度。

式(5-36)中的有效直径 D_{eff} 是水力脉冲波处理前孔道直径与最大颗粒直径之差，由于 Kozeny 方程并不适于岩心中流体发生振荡的情况，因此需在水力脉冲波作用前后，待测岩心中流体流动状态处于稳定时即可应用，由此能够得到水力脉冲波作用前后的岩心渗透率分别为 K_0 和 K。

对于水力脉冲振动力 $F_D=ma=mA_n\omega^2e^{-\beta x}\cos\left[\omega\left(t-\frac{x}{u}\right)+\phi_n\right]$，当 $\cos\left[\omega\left(t-\frac{x}{u}\right)+\phi_n\right]$ 达到最大值时，振动力值最大，此时解堵效果最好，因此此处受力模型在求解时假设振动力达到最大值，进行相应动力学参数(振幅 A，频率 f，波的强度 I 等)的计算。采用 Matlab 软件进行相关的程序编写，相关计算需要的参数见表 5-1，得到的计算结果如图 5-7～图 5-12所示，图中 R 为颗粒半径，Rp 为孔道半径。

图 5-7、图 5-8 和图 5-9 分别为不同孔径条件下的水力脉冲波振幅、振动频率及波的强度与颗粒半径之间的关系曲线。由图 5-7～图 5-9 可以看出，若要使孔道中的堵塞颗粒脱离孔道表面，堵塞颗粒的半径越大，其所需的波的振幅、频率及波的强度值均越低，分析原因是因为堵塞颗粒的半径越大，其表面积越大，相同条件下接收的波的能量值越高，同时半径增大，拉力的增幅较黏附力大，故所需的波的振幅、波强相对要小。

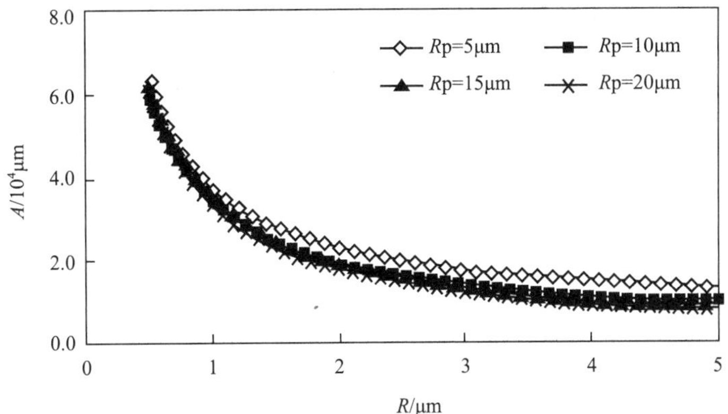

图 5-7 最大颗粒半径随振幅的变化关系曲线(不同孔道半径)

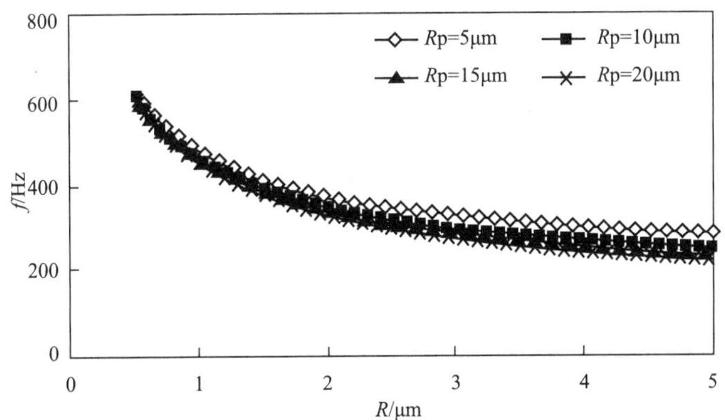

图 5-8 最大颗粒半径随振动频率的变化关系曲线(不同孔道半径)

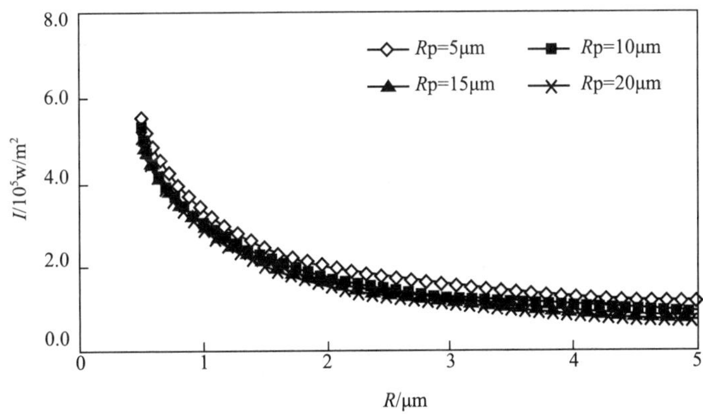

图 5-9 最大颗粒半径随波的强度的变化关系曲线(不同孔道半径)

通过对比容易发现，水力脉冲波对孔道半径越小的孔道解堵效果变化相对明显。孔道半径 Rp 为 5~10μm 之间，达到相同的解堵效果(水力脉冲波处理后孔道中剩余的最大的颗粒半径值相同)其所需的波的能量值差异较大，孔道半径越小所需的能量值相对越高。当孔道半径 Rp 达到某一相对临界值时，上图中为 Rp 达到 15μm 后，要达到相同的解堵效果，所需的波的能量值几乎接近(图中 $Rp=15\mu m$ 和 $Rp=20\mu m$ 曲线几乎重合)，分析原因认为当孔道半径 Rp 达到某一临界值后，其对堵塞颗粒所受的拉力增幅影响较小。

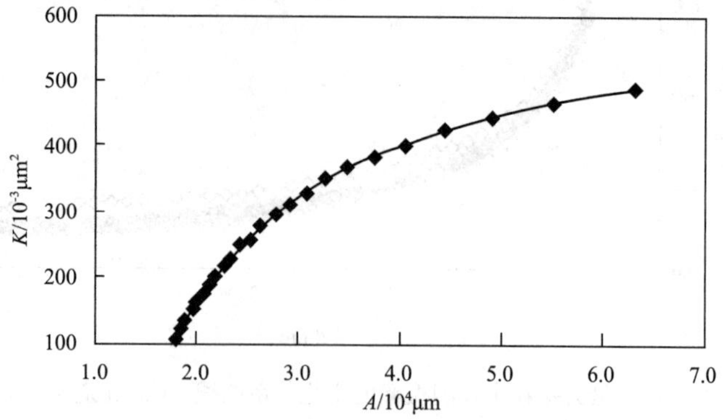

图 5-10　渗透率与振幅之间的关系曲线

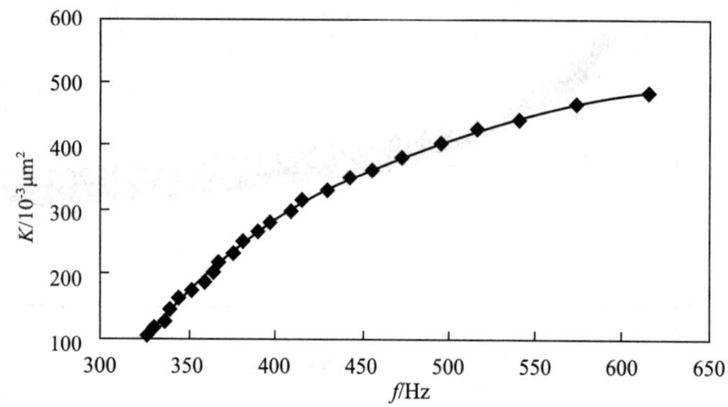

图 5-11　渗透率与振动频率之间的关系曲线

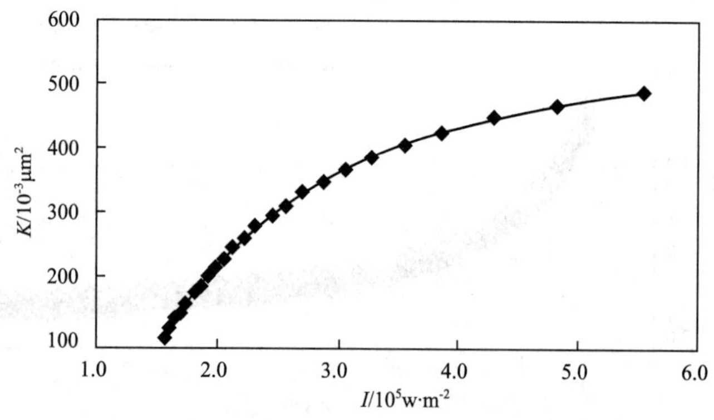

图 5-12　渗透率与波的强度变化关系曲线

图 5-10、图 5-11 和图 5-12 分别为孔道半径为 5μm 条件下，水力脉冲波振幅、振动频率及波的强度与渗透率之间的关系曲线。渗透率的大小与孔道半径、水力脉冲波作用后孔道中的颗粒平均半径有关，其值通过 Kozeny 方程计算。由图 5-10～图 5-12 可知，各曲线随着波的振幅、频率及波的强度的增加呈现先增大后趋于平缓的趋势。因此，在现场应用时为达到较好的解堵效果，水力脉冲波的参数存在一定的最优值。

第三节 本章小结

本章主要研究了水力脉冲波传播动力学和水力脉冲波解堵微观动力学两部分，可总结为：

(1)将水力脉冲波简化为平面简谐纵波，基于纵波波动方程推导了水力脉冲波的波速、波强、质点振动速度、质点振动加速度及水力脉冲力等动力学基本参数。

(2)以储层中的颗粒堵塞物为研究对象，从微观的角度研究水力脉冲波作用下地层表面颗粒沉积解堵动力学机理。通过对水力脉冲波作用下的颗粒堵塞物进行受力分析，得到堵塞颗粒脱离地层孔道表面临界条件；通过 Kozeny 方程建立宏观物性参数渗透率与微观孔隙结构参数之间的联系。

(3)通过计算机模拟实例计算得到，堵塞颗粒半径越小，解堵所需的波能量越高，解堵难度相对较大；一定参数下的水力脉冲波对孔道半径越小的孔道解堵效果变化相对明显。

第六章　水力脉冲波协同酸化岩矿溶蚀动力学

为研究水力脉冲条件下酸岩反应主控影响因素，本章开展相关室内动态物理模型实验，实验利用前期调研的几种油田常用酸液体系，对调研的几种酸液体系进行水力脉冲酸化复合岩心流动实验，研究该条件下的酸化效果；同时对水力脉冲波协同化学无机解堵过程中的动力学问题进行研究，开展了相应的室内动力学实验，对水力脉冲波条件下的岩矿表面酸化分形特征、静态酸岩反应溶蚀动力学机理进行研究，为建立复合技术动力学模型建立基础。

第一节　水力脉冲波条件下酸岩反应主控影响因素

一、实验岩心与所用设备

实验所用设备水力脉冲器如图 6-1 所示，实验中注入泵提供压力带动水力脉冲发生器工作，将酸液通过管线脉冲挤入岩心夹持器中的岩心。

图 6-1　水力脉冲室内发生器

表 6-1 所列数据为本次实验所用的岩心数据。

表 6-1　岩心基础数据

岩心号	直径/mm	长度/mm	气相渗透率/$10^{-3}\mu m^2$	孔隙度/%
Ya4	24. 04	57. 42	10. 53	14. 66
Ya6	24. 12	25. 21	11. 29	14. 16
Ya7	23. 67	32. 34	10. 57	13. 17

续表

岩心号	直径/mm	长度/mm	气相渗透率/$10^{-3}\mu m^2$	孔隙度/%
Ya8	24.18	36.44	11.37	13.89
Ya9	24.82	40.68	11.86	14.61
Ya11	25.02	30.44	12.42	14.31
Ya12	24.47	50.35	12.68	13.68
Yb3	24.63	32.96	15.62	18.47
Yb6	24.85	44.57	15.83	18.31
Yb8	24.17	53.76	16.42	19.56
Yb11	24.36	30.20	18.18	18.37
Yc5	24.83	40.34	20.24	20.75
Yc6	24.64	38.30	21.53	20.98
Yc8	24.64	43.63	21.44	21.66
Yc9	24.92	46.80	21.48	18.36
Yd4	24.82	28.31	9.86	13.56
Yd5	23.84	31.46	9.47	14.73
Yd6	24.83	41.96	10.55	11.63
Yd9	24.84	46.53	10.82	13.64

二、筛选最佳脉冲时间

由于长时间不间断进行脉冲就会产生液体回流现象，故选择间断的脉冲。选取 Ya4、Ya6 和 Ya7 三块岩心，其基础数据见表 6-1，开始岩心实验先做好一部分准备工作，将温度设定为 70℃，中间容器内装入基液(地层水)，岩心饱和好基液，放入夹持器内，测 Ya4 初始渗透率 K_0。第二步用水力脉冲器将基液脉冲入岩心 5min 后立即停止脉冲 5min，然后再用基液测岩心的渗透率 K。第三步在第二步的基础上再间歇脉冲 5min，再测岩心渗透率 K，一直进行以上步骤。为了优选得到最好的脉冲振动时间间隔，脉冲时间间歇分别可以设定为 10min 和 15min，因此实验选取岩心 Ya6 与 Ya7 在其他条件不变的情况下进行上述实验步骤。

表 6-2 展示的是岩心 Ya4 的实验数据，从 0 时刻起计时脉冲。

表 6-2　Ya4 脉冲流动时间实验数据

总脉冲时间/min	黏度/mPa·s	岩心直径/cm	长度/cm	面积/cm^2	流量/(cm^3/s)	压差/MPa	渗透率/$10^{-3}\mu m^2$
0	1	2.40	5.74	4.52	0.017	0.24	9.39

续表

总脉冲时间/min	黏度/mPa·s	岩心直径/cm	长度/cm	面积/cm^2	流量/(cm^3/s)	压差/MPa	渗透率/$10^{-3}\mu m^2$
5	1	2.40	5.74	4.52	0.017	0.23	9.81
10	1	2.40	5.74	4.52	0.017	0.22	10.28
15	1	2.40	5.74	4.52	0.017	0.21	10.28
20	1	2.40	5.74	4.52	0.017	0.21	10.79
25	1	2.40	5.74	4.52	0.017	0.19	10.79
30	1	2.40	5.74	4.52	0.017	0.19	11.36
35	1	2.40	5.74	4.52	0.017	0.19	11.37
40	1	2.40	5.74	4.52	0.017	0.19	11.36
45	1	2.40	5.74	4.52	0.017	0.19	11.36
50	1	2.40	5.74	4.52	0.017	0.19	11.35
55	1	2.40	5.74	4.52	0.017	0.19	11.35
60	1	2.40	5.74	4.52	0.017	0.19	11.35

整理 Ya6 和 Ya7 的脉冲流动实验数据，结果见表 6-3 和图 6-2。

表 6-3 优化单次脉冲时间

累计时间/min	渗透率/$10^{-3}\mu m^2$		
	单次 5min	单次 10min	单次 15min
0	9.39	10.25	9.68
5	9.81	—	—
10	10.28	11.38	—
15	10.28	—	10.15
20	10.79	11.74	—
25	10.79	—	—
30	11.36	12.46	10.42
35	11.37	—	—
40	11.48	11.86	—
45	11.49	—	10.24
50	11.47	11.95	—
55	11.48	—	—
60	11.48	11.97	10.02

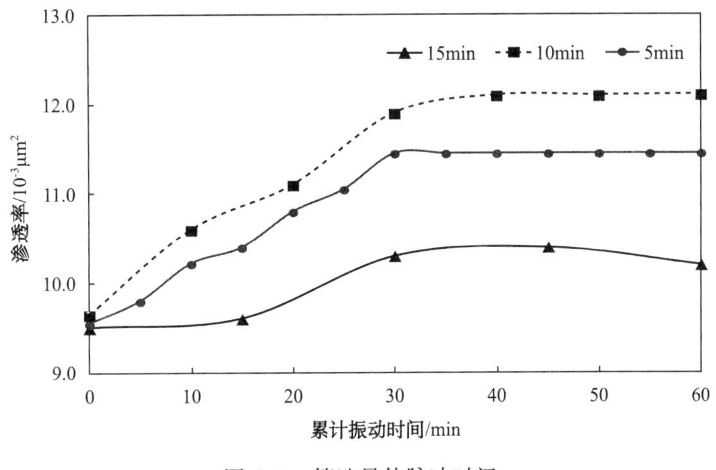

图 6-2 筛选最佳脉冲时间

结合图 6-2 及表 6-3 得出结论，应将累计脉冲时间控制在 30min 以内，超过 30min 后渗透率曲线基本为直线，对渗透率的增加作用将不再明显。从单次振动时间曲线对比可以看出，10min 的单次振动时间得到的振动效果最好，间歇脉冲 3 次即可。

三、水力脉冲波-酸化复合实验过程及结果

(一) 单独脉冲

开始岩心实验先做好一部分准备工作，将温度设定为 70℃，中间容器内装入基液(地层水)，岩心 Ya8 饱和好基液，放入夹持器内，测初始渗透率 K_0。第二步用水力脉冲器将基液脉冲入岩心 10min 后立即停止脉冲 10min，脉冲 1h 后再用基液测岩心的渗透率 K。以 K/K_0 为评价指标，然后对岩心 Yb3、Yc5 和 Yd4 用同样的方法做相同的实验。

表 6-4 所示为岩心 Ya8 的实验数据，先注入 10PV 基液，然后开始脉冲注入 10PV 后停止脉冲注入，再测量岩心渗透率 K。

表 6-4 Ya8 脉冲流动实验数据表

长度/cm	直径/cm	面积/cm^2	黏度/mPa·s	流量/(cm^3/s)	PV 数	压差/MPa	渗透率/$10^{-3}\mu m^2$
3.64	2.42	4.60	1	0.017	1	0.44	3.05
3.64	2.42	4.60	1	0.017	2	0.42	3.19
3.64	2.42	4.60	1	0.017	3	0.23	5.80
3.64	2.42	4.60	1	0.017	4	0.22	6.06
3.64	2.42	4.60	1	0.017	5	0.19	7.01
3.64	2.42	4.60	1	0.017	6	0.21	6.35
3.64	2.42	4.60	1	0.017	7	0.18	7.40
3.64	2.42	4.60	1	0.017	8	0.18	7.40

续表

长度/cm	直径/cm	面积/cm^2	黏度/mPa·s	流量/(cm^3/s)	PV 数	压差/MPa	渗透率/$10^{-3}\mu m^2$
3.64	2.42	4.60	1	0.017	9	0.18	7.40
3.64	2.42	4.60	1	0.017	10	0.18	7.40
3.64	2.42	4.60	1	0.017	11	0.06	21.71
3.64	2.42	4.60	1	0.017	11.5	0.04	32.05
3.64	2.42	4.60	1	0.017	12	0.09	14.63
3.64	2.42	4.60	1	0.017	13	0.13	10.20
3.64	2.42	4.60	1	0.017	14	0.04	32.05
3.64	2.42	4.60	1	0.017	14.5	0.04	32.05
3.64	2.42	4.60	1	0.017	15	0.07	18.69
3.64	2.42	4.60	1	0.017	16	0.14	9.48
3.64	2.42	4.60	1	0.017	17	0.07	18.69
3.64	2.42	4.60	1	0.017	18.5	0.05	25.88
3.64	2.42	4.60	1	0.017	18	0.09	14.63
3.64	2.42	4.60	1	0.017	19	0.15	8.86
3.64	2.42	4.60	1	0.017	20	0.17	7.83
3.64	2.42	4.60	1	0.017	21	0.17	7.83
3.64	2.42	4.60	1	0.017	22	0.17	7.83
3.64	2.42	4.60	1	0.017	23	0.17	7.83
3.64	2.42	4.60	1	0.017	24	0.17	7.83
3.64	2.42	4.60	1	0.017	25	0.17	7.83
3.64	2.42	4.60	1	0.017	26	0.17	7.83

选择编号为 Yb3、Yc5 和 Yd4 的岩心，按照同样的方法进行脉冲流动实验，结果见表 6-5和图 6-3。

表 6-5　岩心脉冲处理实验数据表

PV	Ya8 渗透率/$10^{-3}\mu m^2$	Yb3 渗透率/$10^{-3}\mu m^2$	Yc5 渗透率/$10^{-3}\mu m^2$	Yd4 渗透率/$10^{-3}\mu m^2$
1	3.05	4.40	5.48	4.13
2	3.19	6.31	7.59	4.01
3	5.80	7.45	6.943	4.22
4	6.06	7.30	7.84	4.06
5	7.01	8.01	9.64	4.62
6	6.35	8.96	10.22	4.73

续表

PV	Ya8 渗透率/$10^{-3}\mu m^2$	Yb3 渗透率/$10^{-3}\mu m^2$	Yc5 渗透率/$10^{-3}\mu m^2$	Yd4 渗透率/$10^{-3}\mu m^2$
7	7.40	10.21	12.45	5.40
8	7.40	10.04	13.18	6.20
9	7.40	10.25	12.21	5.85
10	7.40	11.30	12.14	5.94
11	21.71	13.20	26.38	10.58
11.5	32.05	26.53	33.54	15.35
12	14.63	15.15	17.43	9.42
13	10.20	11.36	12.46	9.63
14	32.05	15.42	18.85	11.65
14.5	32.05	28.34	32.36	16.33
15	18.69	18.49	22.32	10.75
16	9.48	10.37	12.45	8.83
17	18.69	17.61	17.65	11.32
18.5	25.88	26.33	33.16	16.23
18	14.63	18.45	14.38	10.44
19	8.86	14.24	13.40	8.84
20	7.83	10.46	11.68	6.96
21	7.83	10.89	11.35	7.74
22	7.83	11.36	12.39	7.59
23	7.83	11.31	12.58	7.48
24	7.83	11.32	11.49	7.25
25	7.83	11.35	11.53	7.37
26	7.83	11.32	11.53	7.36

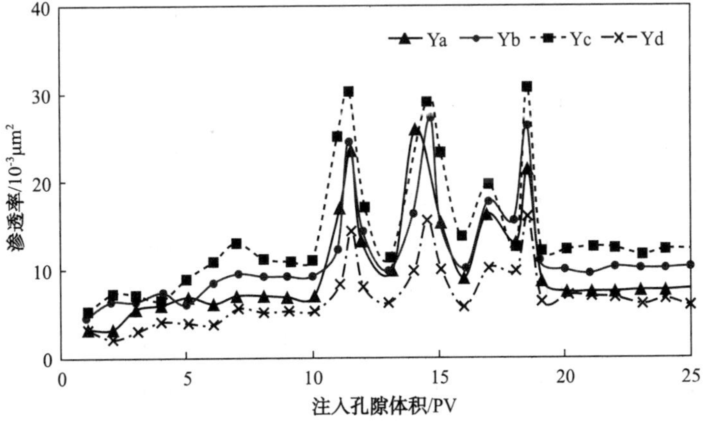

图 6-3 单独脉冲对岩心渗透率的影响

由表 6-5 和图 6-3 可以得出，施加脉冲之后渗透率值变化幅度明显增大，分别对应三次水力脉冲，渗透率出现三次最高值，因为在启动脉冲时活塞的运动使泵腔内产生孔隙，因此压差立即降低，渗透率迅速增加，当流体充满孔隙流体后压差又恢复正常值，渗透率也恢复正常；其中，只作用水力脉冲提高渗透率的效果不明显，比值约为 1.20，作用于这四块岩心后，岩心渗透率比值变为：Ya 为 1.16，Yb 为 1.17，Yc 为 1.22，Yd 为 1.23。

（二）先脉冲后酸化

选取 Ya9 岩心，其基础数据见表 6-1，开始岩心实验先做好一部分准备工作，将温度设定为 70℃，中间容器内装入基液（地层水），岩心饱和好基液，放入夹持器内，测 Ya9 初始渗透率 K_0。第二步用水力脉冲器将基液脉冲入岩心 10min 后立即停止脉冲 10min，依次循环 3 次。第三步注入酸液 10PV 后测酸化后岩心 Ya9 渗透率 K，评价指标为 K/K_0。第四步选用不同酸液，分别酸化岩心 Yb6、Yc6 和 Yd5。四种酸液体系分别为氢氟酸体系、多氢酸体系、CMH 体系、氟硅酸体系。通过岩心实验可以对比酸液的作用效果，然后优化出最佳酸液体系。

实验过程同本节二中步骤，使用每种酸液体系来酸化与之相对应井的岩心。如表 6-6 所示为岩心 Ya9 的流动实验数据，注入量到 10PV 后开始施加脉冲，液脉冲注入 10PV 后停止施加脉冲。然后注 10PV 酸液后测量岩心渗透率 K。

表 6-6　Ya9 流动实验数据

PV	直径/cm	长度/cm	面积/cm^2	黏度/mPa·s	流量/（cm^3/s）	压差/MPa	渗透率/$10^{-3}\mu m^2$
1	2.48	4.07	4.48	1	0.017	0.71	2.01
2	2.48	4.07	4.48	1	0.017	0.46	3.10
3	2.48	4.07	4.48	1	0.017	0.24	5.92
4	2.48	4.07	4.48	1	0.017	0.24	5.92
5	2.48	4.07	4.48	1	0.017	0.19	7.46
6	2.48	4.07	4.48	1	0.017	0.24	5.92
7	2.48	4.07	4.48	1	0.017	0.20	7.10
8	2.48	4.07	4.48	1	0.017	0.18	7.87
9	2.48	4.07	4.48	1	0.017	0.20	7.10
10	2.48	4.07	4.48	1	0.017	0.20	7.09
11	2.48	4.07	4.48	1	0.017	0.07	19.90
11.5	2.48	4.07	4.48	1	0.017	0.05	27.56
12	2.48	4.07	4.48	1	0.017	0.09	15.58
13	2.48	4.07	4.48	1	0.017	0.19	7.46
14	2.48	4.07	4.48	1	0.017	0.09	15.58
14.5	2.48	4.07	4.48	1	0.017	0.05	27.56

续表

PV	直径/cm	长度/cm	面积/cm^2	黏度/mPa·s	流量/(cm^3/s)	压差/MPa	渗透率/$10^{-3}\mu m^2$
15	2.48	4.07	4.48	1	0.017	0.07	19.90
16	2.48	4.07	4.48	1	0.017	0.20	7.09
17	2.48	4.07	4.48	1	0.017	0.08	17.48
18.5	2.48	4.07	4.48	1	0.017	0.05	27.56
18	2.48	4.07	4.48	1	0.017	0.12	11.75
19	2.48	4.07	4.48	1	0.017	0.19	7.46
20	2.48	4.07	4.48	1	0.017	0.16	8.85
21	2.48	4.07	4.48	1	0.017	0.15	9.43
22	2.48	4.07	4.48	1	0.017	0.14	10.09
23	2.48	4.07	4.48	1	0.017	0.13	10.91
24	2.48	4.07	4.48	1	0.017	0.13	10.91
25	2.48	4.07	4.48	1	0.017	0.14	10.09
26	2.48	4.07	4.48	1	0.017	0.19	7.50
27	2.48	4.07	4.48	1	0.017	0.12	11.75
28	2.48	4.07	4.48	1	0.017	0.10	14.05
29	2.48	4.07	4.48	1	0.017	0.15	9.43
30	2.48	4.07	4.48	1	0.017	0.14	10.09
31	2.48	4.07	4.48	1	0.017	0.11	12.80
32	2.48	4.07	4.48	1	0.017	0.13	10.86
33	2.48	4.07	4.48	1	0.017	0.12	11.75
34	2.48	4.07	4.48	1	0.017	0.12	11.75
35	2.48	4.07	4.48	1	0.017	0.12	11.75

以同样方法对 Yb6、Yc6 和 Yd5 进行实验，整理脉冲流动数据，最终结果见表 6-7 和图 6-4。

表 6-7　岩心复合解堵实验数据表(脉冲之后酸化)

注入量/PV 数	不同酸液体系作用后渗透率值/$10^{-3}\mu m^2$			
	a	b	c	d
1	2.01	3.76	8.08	2.36
2	3.10	7.21	9.21	2.34
3	5.92	6.20	10.70	4.01

续表

注入量/PV 数	不同酸液体系作用后渗透率值/$10^{-3}\mu m^2$			
	a	b	c	d
4	5. 92	8. 52	7. 27	5. 03
5	7. 46	8. 20	10. 16	4. 97
6	5. 92	10. 91	12. 06	5. 17
7	7. 09	10. 31	11. 57	6. 14
8	7. 87	10. 02	11. 24	5. 93
9	7. 09	10. 28	11. 55	5. 69
10	7. 09	10. 31	11. 58	5. 67
11	19. 90	11. 51	24. 69	11. 96
11. 5	27. 56	24. 76	30. 39	18. 45
12	15. 58	16. 51	16. 68	10. 36
13	7. 46	11. 16	11. 72	6. 53
14	15. 58	18. 03	16. 66	11. 57
14. 5	27. 56	28. 74	29. 67	19. 38
15	19. 90	13. 11	26. 13	13. 08
16	7. 09	11. 53	16. 42	6. 20
17	17. 48	18. 90	20. 03	12. 50
18. 5	27. 56	25. 97	32. 55	19. 65
18	11. 75	16. 76	13. 90	10. 38
19	7. 46	11. 53	14. 46	6. 75
20	8. 85	14. 78	15. 69	7. 43
21	9. 43	16. 73	16. 76	8. 01
22	10. 09	19. 49	23. 78	8. 12
23	10. 86	17. 74	20. 83	8. 90
24	10. 86	21. 49	21. 86	9. 75
25	10. 09	22. 35	21. 34	8. 84
26	7. 46	16. 50	20. 36	10. 05
27	11. 75	20. 65	20. 77	10. 79
28	14. 05	20. 44	21. 75	11. 11
29	9. 43	17. 48	21. 20	9. 81
30	10. 09	20. 77	20. 92	8. 95
31	12. 80	23. 55	21. 55	10. 24

续表

注入量/PV 数	不同酸液体系作用后渗透率值/$10^{-3}\mu m^2$			
	a	b	c	d
32	10.86	22.06	19.68	9.24
33	11.75	22.84	23.46	9.32
34	11.75	24.18	22.96	9.52
35	11.75	24.19	22.97	9.52

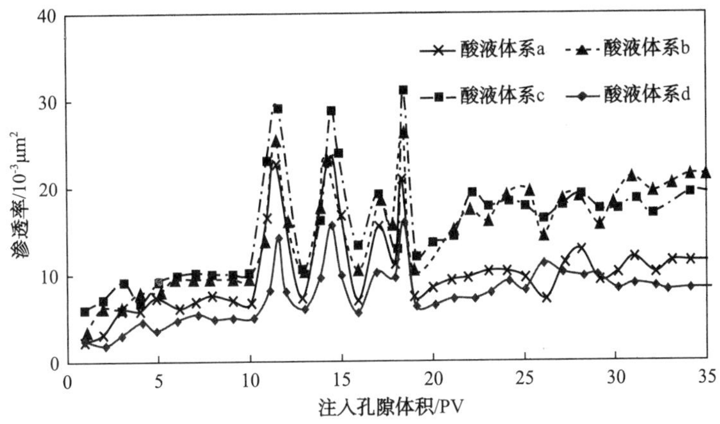

图 6-4　岩心复合解堵实验(脉冲在前，酸化在后)

由表 6-6、表 6-7 和图 6-4 可以得出，先进行脉冲振荡然后进行酸液处理的效果比只加酸液处理的效果要好，这是因为振动的作用加剧了岩石壁面上破坏垢，脱落垢，运移垢，正因为如此，酸液就可以节约下来更有效地处理近井地层结垢，起到增大渗透率的作用。

先脉冲后酸化最终渗透率比值：土酸约 1.71，CH-59 体系约 2.31，CMH+CMF 体系约 1.85，H_2SiF_6 体系约 1.80。

(三) 先酸化后脉冲

选取 Ya11 岩心，其基础数据见表 6-1，开始岩心实验先做好一部分准备工作，将温度设定为 70℃，中间容器内装入基液(地层水)，岩心饱和好基液，放入夹持器内，测 Ya11 初始渗透率 K_0。第二步注入酸液 10PV。第三步用水力脉冲器将基液脉冲入岩心 10min 后立即停止脉冲 10min，依次循环 3 次。第四步测处理后岩心 Ya11 渗透率 K，评价指标为 K/K_0。第五步选用不同酸液，分别处理岩心 Yb8、Yc8 和 Yd6。通过岩心实验可以对比酸液的作用效果，然后优化出最佳酸液体系。

实验过程中每种酸液体系与对应井的岩心配合进行实验。表 6-8 为 Ya11 的流动数据结果表，注入量到 10PV 后注入酸液 10PV，再脉冲交替注入 3 次后停止脉冲。最后用基液测量处理后岩心渗透率 K。与此类似，岩心 Yb8、Yc8 和 Yd6 的实验数据最终整理见表 6-9和图 6-5。

表 6-8 Ya11 岩心实验数据表

注入量/PV 数	直径/cm	长度/cm	面积/cm^2	流量/(cm^3/s)	黏度/mPa · s	压差/MPa	渗透率/$10^{-3}\mu m^2$
1	2. 50	3. 04	4. 91	0. 017	1	0. 66	1. 59
2	2. 50	3. 04	4. 91	0. 017	1	0. 31	3. 38
3	2. 50	3. 04	4. 91	0. 017	1	0. 48	2. 19
4	2. 50	3. 04	4. 91	0. 017	1	0. 23	4. 54
5	2. 50	3. 04	4. 91	0. 017	1	0. 22	4. 74
6	2. 50	3. 04	4. 91	0. 017	1	0. 19	5. 49
7	2. 50	3. 04	4. 91	0. 017	1	0. 17	6. 12
8	2. 50	3. 04	4. 91	0. 017	1	0. 17	6. 12
9	2. 50	3. 04	4. 91	0. 017	1	0. 16	6. 50
10	2. 50	3. 04	4. 91	0. 017	1	0. 16	6. 50
11	2. 50	3. 04	4. 91	0. 017	1	0. 15	6. 93
12	2. 50	3. 04	4. 91	0. 017	1	0. 15	6. 93
13	2. 50	3. 04	4. 91	0. 017	1	0. 14	7. 42
14	2. 50	3. 04	4. 91	0. 017	1	0. 13	7. 98
15	2. 50	3. 04	4. 91	0. 017	1	0. 13	7. 98
16	2. 50	3. 04	4. 91	0. 017	1	0. 12	8. 63
17	2. 50	3. 04	4. 91	0. 017	1	0. 11	9. 40
18	2. 50	3. 04	4. 91	0. 017	1	0. 11	9. 40
19	2. 50	3. 04	4. 91	0. 017	1	0. 11	9. 40
20	2. 50	3. 04	4. 91	0. 017	1	0. 11	9. 40
21	2. 50	3. 04	4. 91	0. 017	1	0. 05	20. 26
21. 5	2. 50	3. 04	4. 91	0. 017	1	0. 03	32. 92
22	2. 50	3. 04	4. 91	0. 017	1	0. 07	14. 63
23	2. 50	3. 04	4. 91	0. 017	1	0. 10	10. 33
24	2. 50	3. 04	4. 91	0. 017	1	0. 05	20. 26
24. 5	2. 50	3. 04	4. 91	0. 017	1	0. 03	32. 82
25	2. 50	3. 04	4. 91	0. 017	1	0. 06	16. 85
26	2. 50	3. 04	4. 91	0. 017	1	0. 11	9. 40
27	2. 50	3. 04	4. 91	0. 017	1	0. 06	16. 99
27. 5	2. 50	3. 04	4. 91	0. 017	1	0. 04	25. 08
28	2. 50	3. 04	4. 91	0. 017	1	0. 07	14. 63
29	2. 50	3. 04	4. 91	0. 017	1	0. 09	11. 45

续表

注入量/PV数	直径/cm	长度/cm	面积/cm^2	流量/(cm^3/s)	黏度/mPa·s	压差/MPa	渗透率/$10^{-3}\mu m^2$
30	2.50	3.04	4.91	0.017	1	0.07	14.63
31	2.50	3.04	4.91	0.017	1	0.10	10.33
32	2.50	3.04	4.91	0.017	1	0.09	11.45
33	2.50	3.04	4.91	0.017	1	0.09	11.45

表 6-9　岩心复合解堵实验数据表(酸化之后脉冲)

PV	不同酸液体系作用后渗透率/$10^{-3}\mu m^2$			
	a	b	c	d
1	1.59	3.76	2.98	1.38
2	3.38	3.33	9.03	3.48
3	2.19	5.31	8.16	3.30
4	4.54	10.30	10.09	3.80
5	4.74	10.52	10.03	5.47
6	5.49	11.38	7.30	6.94
7	6.12	11.17	10.63	6.04
8	6.12	11.17	13.58	6.07
9	6.50	11.05	13.40	6.23
10	6.50	11.05	13.42	6.23
11	6.93	10.24	8.80	7.11
12	6.93	11.13	10.52	6.88
13	7.42	13.85	14.64	7.65
14	7.98	15.11	20.10	8.87
15	7.98	16.56	18.51	8.26
16	8.63	14.69	20.81	9.04
17	9.40	19.02	23.06	8.35
18	9.40	19.69	22.47	9.59
19	9.40	20.54	24.22	9.57
20	9.40	20.40	24.24	9.59
21	20.26	28.62	30.83	17.64
21.5	32.92	38.60	43.81	23.90
22	14.63	28.65	31.72	21.39
23	10.33	21.70	24.16	10.27

续表

PV	不同酸液体系作用后渗透率/$10^{-3}\mu m^2$			
	a	b	c	d
24	20.26	30.42	32.41	17.61
24.5	32.92	39.77	42.30	30.63
25	16.99	26.61	26.70	17.46
26	9.40	22.83	25.11	10.45
27	16.99	30.72	35.84	18.28
27.5	25.08	37.10	48.27	25.86
28	14.63	30.51	34.73	15.83
29	11.45	22.99	26.20	11.24
30	14.63	24.01	26.54	12.06
31	10.33	26.62	25.55	11.27
32	11.45	27.55	27.92	11.30
33	11.45	27.58	27.94	11.27

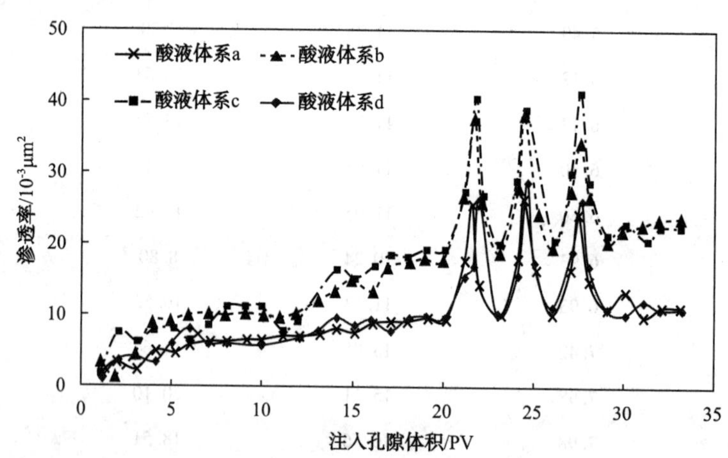

图 6-5 岩心复合解堵实验(酸化之后脉冲)

由表 6-9 和图 6-5 得出，四种酸液体系作用后渗透率比值各有不同，土酸约 1.74，CH-59 体系约 2.41，CMH+CMF 体系约 1.96，H_2SiF_6 体系约 1.87。对比上节数据可以得到，先进行酸化后进行脉冲的渗透率比值比先脉冲后酸化岩心的渗透率比值要大，说明前者解堵效果更好，分析原因认为，先进行酸化岩心后，有利于将岩心变得疏松胶结，再加上振动脉冲效果，更加有利于解除颗粒堵塞物。

(四) 边脉冲边酸化

选取 Ya12 岩心，其基础数据见表 6-1，开始岩心实验先做好一部分准备工作，将温度设定为 70℃，中间容器内装入基液(地层水)，岩心饱和好基液，放入夹持器内，测 Ya12 初始渗透率 K_0。第二步用水力脉冲器将酸液脉冲入岩心 10min 后立即停止脉冲

10min，依次循环3次。第三步测处理后岩心Ya12渗透率K，评价指标为K/K_0。第四步选用不同酸液，分别处理岩心Yb11、Yc9和Yd9。通过岩心实验可以对比酸液的作用效果，然后优化出最佳酸液体系。

实验过程中每种酸液体系与对应井的岩心配合实验。如表6-10所示为Ya12岩心的流动数据，注入量到10PV后开始启动设备施加脉冲，一边脉冲一边注入酸液体系10PV后停止脉冲发生器，最后再测岩心渗透率K。以同样方法对Yb11、Yc9和Yd9进行实验，整理脉冲流动数据，最终结果见表6-11和图6-6。

表6-10 Ya12岩心流动数据结果表

注入量/PV数	直径/cm	长度/cm	面积/cm^2	流量/(cm^3/s)	黏度/mPa·s	压差/MPa	渗透率/$10^{-3}\mu m^2$
1	2.45	5.04	4.71	0.017	1	0.43	4.24
2	2.39	5.04	4.71	0.017	1	0.23	7.94
3	2.39	5.04	4.71	0.017	1	0.25	7.30
4	2.39	5.04	4.71	0.017	1	0.28	6.51
5	2.39	5.04	4.71	0.017	1	0.28	6.51
6	2.39	5.04	4.71	0.017	1	0.26	7.02
7	2.39	5.04	4.71	0.017	1	0.26	7.04
8	2.39	5.04	4.71	0.017	1	0.26	7.04
9	2.39	5.04	4.71	0.017	1	0.26	7.08
10	2.39	5.04	4.71	0.017	1	0.26	7.12
11	2.39	5.04	4.71	0.017	1	0.13	14.08
12	2.39	5.04	4.71	0.017	1	0.09	20.41
13	2.39	5.04	4.71	0.017	1	0.09	20.41
14	2.39	5.04	4.71	0.017	1	0.17	10.75
15	2.39	5.04	4.71	0.017	1	0.08	22.98
16	2.39	5.04	4.71	0.017	1	0.10	18.35
17	2.39	5.04	4.71	0.017	1	0.10	18.35
18	2.39	5.04	4.71	0.017	1	0.07	26.31
19	2.39	5.04	4.71	0.017	1	0.13	14.08
20	2.39	5.04	4.71	0.017	1	0.18	10.15
21	2.39	5.04	4.71	0.017	1	0.23	7.94
22	2.39	5.04	4.71	0.017	1	0.22	8.30
23	2.39	5.04	4.71	0.017	1	0.16	11.43
24	2.39	5.04	4.71	0.017	1	0.17	10.75
25	2.39	5.04	4.71	0.017	1	0.21	8.70

续表

注入量/PV 数	直径/cm	长度/cm	面积/cm^2	流量/(cm^3/s)	黏度/mPa · s	压差/MPa	渗透率/$10^{-3}\mu m^2$
26	2.39	5.04	4.71	0.017	1	0.19	9.62
27	2.39	5.04	4.71	0.017	1	0.15	12.19
28	2.39	5.04	4.71	0.017	1	0.15	12.19
29	2.39	5.04	4.71	0.017	1	0.15	12.19
30	2.39	5.04	4.71	0.017	1	0.15	12.19

表 6-11　水力脉冲辅助酸化岩心流动实验

PV	酸液体系作用后渗透率/$10^{-3}\mu m^2$			
	a	b	c	d
1	4.24	5.68	7.81	3.17
2	7.94	5.71	4.47	5.45
3	7.30	7.42	9.96	6.36
4	6.51	7.00	22.30	5.09
5	6.51	9.94	13.42	6.25
6	7.02	10.05	18.74	6.13
7	7.02	9.78	14.65	5.48
8	7.02	9.65	14.36	5.28
9	7.02	9.78	14.39	5.59
10	7.02	9.78	14.38	5.47
11	14.08	19.51	22.44	8.95
12	20.41	33.33	23.11	17.83
13	20.41	15.08	34.80	16.75
14	10.75	20.86	28.91	8.95
15	22.98	30.00	27.81	19.79
16	18.35	21.54	40.32	14.89
17	18.35	16.22	33.06	12.72
18	26.31	30.90	28.14	20.76
19	14.08	20.97	39.34	13.12
20	10.15	17.33	29.29	8.64
21	7.94	11.51	22.42	5.86
22	8.30	21.99	23.69	6.47
23	11.43	19.16	33.43	7.93

续表

PV	酸液体系作用后渗透率/$10^{-3}\mu m^2$			
	a	b	c	d
24	10.75	24.65	31.49	8.72
25	8.70	28.49	30.49	7.33
26	9.62	28.49	33.23	7.84
27	12.19	31.23	28.94	9.68
28	12.19	27.82	31.65	9.68
29	12.19	27.78	31.71	9.62
30	12.19	27.82	31.65	9.68

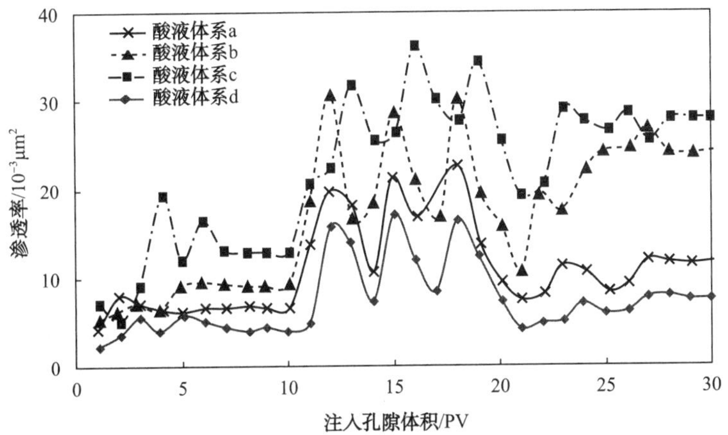

图 6-6　水力脉冲辅助酸化岩心流动实验

由表 6-11 和图 6-6 得出，酸化与水力脉冲波协同解堵技术可以将岩心渗透率明显改善。四种酸液体系作用后岩心的渗透率比值各有不同，土酸约 1.79，CH-59 体系约 2.71，CMH+CMF 体系约 2.23，H_2SiF_6 体系约 1.98。同时，进行酸化与水力脉冲措施比分开进行两项措施的效果要好，分析原因认为，水力脉冲波与化学酸化的复合作用可以加快酸化体系与岩石及堵塞物的反应速率，增加有效酸化半径，延长化学酸化效果的有效作用时间，抑制岩石孔隙堵塞物的再次形成，从而从根本上改善酸化作用效果。

四、总体注水量的对比分析

由达西公式：$Q=\dfrac{KA\Delta P}{\mu L}$，在供油面积、油层厚度、压差及液体黏度保持不变的前提下，产能与渗透率成正比。因此，措施后与措施前的地层渗透率比值即为同地层注水井注入比与生产井产能比。将以上实验结果中 4 口井进行各措施后与措施前渗透率比值 K/K_0 见表 6-12。

表 6-12　不同作业方式前后注水量比值

		无作业	酸化作业	脉冲作业	先脉冲后酸化	先酸化后脉冲	边脉冲边酸化
不同酸液体系作用后注水量比	体系 a	1	1.35	1.16	1.71	1.74	1.79
	体系 b	1	1.9	1.17	2.31	2.41	2.71
	体系 c	1	1.6	1.22	1.85	1.96	2.23
	体系 d	1	1.5	1.23	1.8	1.87	1.98

根据表 6-12 可以作图 6-7。

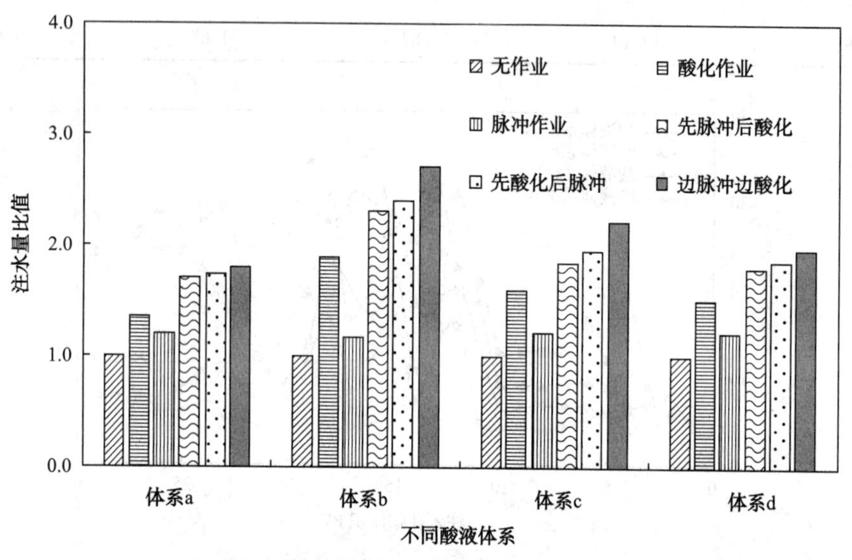

图 6-7　不同作业方式前后注水量对比

由表 6-12 和图 6-7 得出，水力脉冲波辅助酸化降压解堵增注比比单项作业方式前后注水量比大，而且进行酸化与水力脉冲同时结合作业比分开进行单项作业的注水比更大。因此，水力脉冲波辅助酸化降压解堵增注技术对于中低渗透油田、特低渗透油田解除近井地带堵塞，清洗射孔产生的堵塞，可以大幅度地提高酸化增产作用效果。

第二节　水力脉冲波协同作用下岩矿颗粒酸化表面分形特征

在酸岩非均相反应过程中，酸岩化学反应动力学与岩石矿物表面性质密切相关。扫描电镜观测表明，酸溶蚀前后的砂岩矿物具有褶皱、凹凸和缺陷的极不规则的表面特征。为进一步认识酸蚀作用下的岩石矿物表面特性，本节借助于分形几何学，对比研究了波动条件与非波动条件下多氢酸溶蚀前后砂岩颗粒的表面结构特征，将分形理论应用于岩石矿物颗粒与酸液非均相反应系统中，在一定程度上研究了水力脉冲波动作用对岩石矿物颗粒表面酸蚀分形结构特征的影响。

一、实验基本原理

(一)颗粒表面分形特征参数求解

Mandelbrot认为，对于一个表面分维为D_f的分形客体，倘若用半径ε足够小的小球去覆盖或填充，则所需小球的最少数N与ε的负D_f次方成正比，即：

$$N \propto \varepsilon^{-D_f} \tag{6-1}$$

而非分形客体则不具有此特性。若从吸附的角度考虑，则上述客体就是吸附剂颗粒，小球就是吸附质分子，N就是所吸附的吸附分子数，而ε是吸附质分子截面半径。因此，式(6-1)实则成为应用单分子层吸附技术考察试样表面是否具有分形结构的理论依据。

假设存在一组吸附质系列，该组系列中每个吸附质的吸附截面σ_m和截面半径ε的比值均相等，即：

$$\varepsilon^2/\sigma_m = C \tag{6-2}$$

式中，C对该系列为常数，将式(6-2)代入式(6-1)中，整理得：

$$N \propto \sigma_m^{-D_f/2} \tag{6-3}$$

考虑一个半径为R_0的吸附剂颗粒，先后采用半径为ε_0和ε的吸附质分子进行测量，而按此单位，吸附剂颗粒半径的数值应改变，设为R，则有：

$$R = (\varepsilon_0/\varepsilon)R_0 \tag{6-4}$$

将式(6-4)代入式(6-1)得：

$$N \propto R^{D_f} \tag{6-5}$$

式(6-5)表明了对一个吸附剂颗粒表面进行覆盖需要的吸附分子数N和吸附剂颗粒的半径R之间的关系。假设有多组吸附剂颗粒，且各组的吸附剂颗粒总体积相等，颗粒大小不同，则必有各组所含颗粒数量反比于颗粒体积，即：

$$m \propto (4\pi R^3/3)^{-1} \tag{6-6}$$

因此，覆盖一组吸附剂颗粒的表面需要的吸附质的分子个数n为：

$$n = mN \propto R^{D_f-3} \tag{6-7}$$

对于上述考察方法，若从实验中直接观测N通常较困难，但可借助固体比表面的测定(BET容量法)进行间接求取。在应用BET容量法求固体比表面时，通常以实验为基础，采用BET二常数公式。

将式(6-7)变换为：

$$A \propto R^{D_f-3} \tag{6-8}$$

或

$$A = K^2 R^{D_f-3} (d = 2R,\ K^2 \text{为比例常数}) \tag{6-9}$$

或

$$\ln A = \ln K^2 + (D_f - 3)\lg d \tag{6-10}$$

当采用改变吸附颗粒大小的方式时，将实验所得的一系列比表面A数值与相应的吸附剂粒径d作双对数关系曲线，根据式(6-10)，所得对数直线斜率可求出表面分维值D_f。

(二)BET法测定颗粒比表面

采用BET法测定颗粒比表面是将氮气作为吸附质，氢气或氦气作为载气，按照合适的比例将两种气体混合至预定的相对压力，气体流经所测固体颗粒的表面。将样品管加至液氮中进行保温处理时，混合气体中的氮气在固体颗粒样品表面会发生物理吸附，而载气不会发生吸附，此时电脑屏幕上会显示吸附峰。将液氮移开后，固体颗粒样品重新置于室温，此时吸附氮气从固体颗粒样品表面开始脱附，相应地电脑屏幕上会出现脱附峰。通过向混合气中通入已知体积的纯氮，电脑屏幕上会出现一个校正峰。由校正峰及脱附峰各自的峰面积，就可计算得到该相对压力下的固体颗粒样品上的吸附量。调整注入的氮气与载气的混合比例，能够测得不同氮气的相对压力下的吸附量，由 BET 公式(6-9)进行计算，可以得到固体颗粒样品的比表面。

BET 公式：

$$\frac{P}{V(P_0-P)}=\frac{1}{V_m C}+\frac{(C-1)P}{V_m C P_0} \tag{6-11}$$

式中 P——氮气分压，Pa；

P_0——液氮在吸附温度下的饱和蒸气压，Pa；

V_m——固体颗粒样品上吸附后产生单分子层所需的气体量，mL；

V——吸附达到平衡时被吸附气体的总体积，mL；

C——与吸附有关的常数。

将$\frac{P}{V(P_0-P)}$对$\frac{P}{P_0}$的数据进行作图，能够得到一条直线，且该直线的斜率是$\frac{(C-1)}{V_m C}$，截距是$\frac{1}{V_m C}$，则有：

$$V_m=\frac{1}{斜率+截距}=\frac{1}{(C-1)/V_m C+1/V_m C} \tag{6-12}$$

假设作为吸附质的每个气体分子的截面积都已知，则被测固体颗粒样品的比表面的计算如下：

$$A=N\sigma_m=\frac{V_m N_A \sigma_m}{22400W}\times 10^{-18} \tag{6-13}$$

式中 A——被测固体颗粒样品的比表面，m^2/g；

N_A——阿伏伽德罗常数；

σ_m——吸附质气体分子的截面积，nm^2；

W——被测固体颗粒样品的质量，g。

BET 公式的适用范围为：$p/p_0=0.05\sim0.35$。

再由式(6-13)计算被测固体颗粒样品的比表面。

二、实验仪器及试剂

F-Sorb 3400 型比表面和孔径测量仪 1 套；氮气瓶 1 个，氦气瓶 1 个；液氮罐 1 个；分析天平 1 台；α-氧化铝(色谱纯)；被测样品(溶蚀前后波动组和非波动组的石英颗粒)。BET 实验流程图如图 6-8 所示。

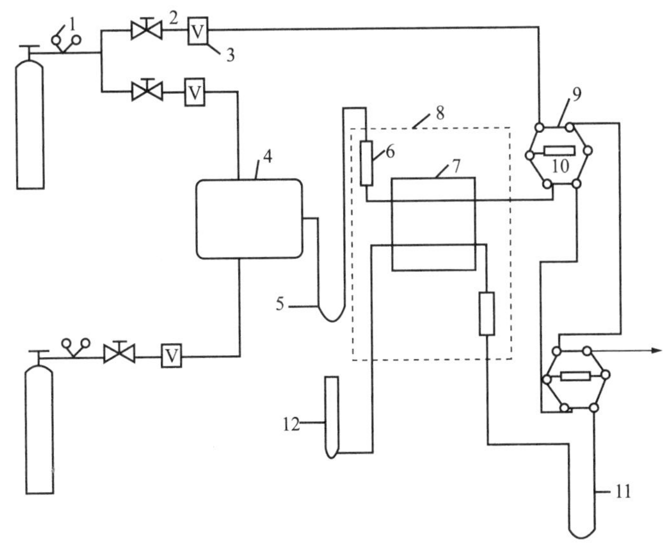

图 6-8　采用 BET 法测定比表面的实验流程示意图

1—减压阀；2—稳压阀；3—流量计；4—混合器；5—冷阱；6—恒温管；7—热导池；
8—油浴箱；9—六通阀；10—定体积管；11—样品吸附管；12—皂末流速记

三、实验步骤

本书研究了多氢酸溶蚀砂岩颗粒的表面特征。实验中，采用 BET 容量法对吸附量进行测定。测定步骤：首先将四种不同目数的石英砂颗粒分别进行多氢酸溶蚀实验，在室温条件下(20℃)溶蚀一定时间后，过滤、清洗、干燥、研磨、筛选后，分别对各组实验进行 BET 比表面测试。共分为酸蚀前对照组、波动酸蚀组和非波动酸蚀组，每组均对应四种粒径的砂岩颗粒，对比实验结果(图 6-9)进行相关的分析研究。

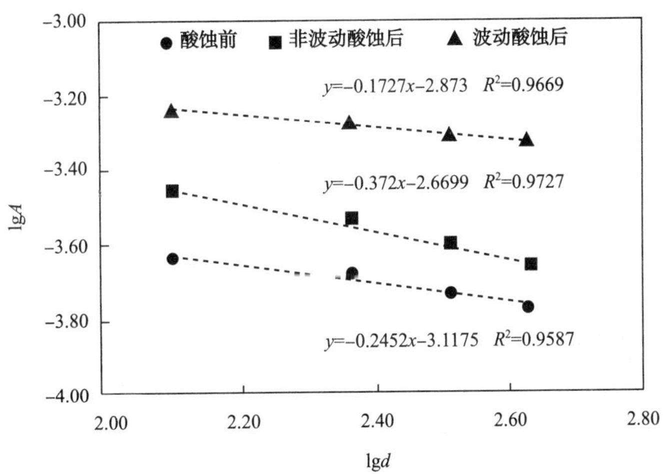

图 6-9　不同条件下酸蚀前后砂岩颗粒比表面与其平均颗粒直径 d 的关系图

四、水力脉冲波协同作用下岩矿颗粒酸化表面分形特征

如图 6-9 所示为不同条件下(波动与非波动条件)多氢酸溶蚀前后砂岩颗粒比表面 A ($m^2 \cdot g^{-1}$)与其平均颗粒直径 d(μm)的双对数关系曲线。

根据实验所得到的酸蚀颗粒比表面 A 与其平均颗粒直径 d 的双对数关系曲线图可知，$\lg A$ 与 $\lg d$ 间具有良好的线性关系，线性相关系数到达 0.95 以上，表面实验结果符合式(6-10)，即根据分形理论导出的规律。因此，可以认为波动和非波动条件下，砂岩溶蚀前后的颗粒表面结构均具有分形特征。

根据图 6-9 中直线的斜率，结合式(6-10)，可以得到酸蚀前的砂岩颗粒的表面分维值为 2.75，波动溶蚀后表面分维值为 2.83，非波动溶蚀后表面分维值为 2.63。非波动的溶蚀作用后使得砂岩颗粒表面的分维值减小，而波动溶蚀后其表面分维值则增大。表面分维值是表面分形的重要定量表征，由此刻画了分形几何形状的复杂程度。固体表面的分维值越高，其表面的凹凸、褶皱和缺陷则越多越复杂。

分形维数能够刻画几何构造的本质特性。砂岩颗粒溶蚀前后的表面分维值大于 2，表明原始的和经过酸蚀的岩样表面均不平整光滑，而是相当粗糙。在本次实验中，非波动条件下的砂岩颗粒溶蚀后的表面分维值减小，表明酸岩反应使得岩石表面的不规则程度减弱，同时说明该酸蚀过程为表面的相对均匀溶蚀；而波动条件下的酸蚀表面分维值增大，则表明由于波动作用的引入，加强了酸蚀反应的反应速度和激烈程度，使得反应后砂岩颗粒表面结构变得更加复杂无序，可能使得酸蚀过程向着非均匀溶蚀的方向进行。

第三节　水力脉冲波协同作用下酸岩反应溶蚀动力学机理

一、水力脉冲波协同作用下静态酸岩反应实验

(一)实验材料

选取 4 种不同粒径大小(425μm、325μm、230μm、125μm)的石英颗粒，石英颗粒需要对表面进行漂洗和去除黏土等清理工作。采用配置好的多氢酸溶液，考察不同粒径石英颗粒的酸岩溶蚀情况。

(二)实验仪器

有机玻璃试管、电子天平、电子显微镜。

(三)实验及分析方法

取 8 个有机玻璃试管，分为 A、B 两大组，A 组为不加载水力脉冲波条件下，不同粒径岩石矿物的静态酸岩溶蚀实验，B 组为水力脉冲波加载条件下，不同粒径岩石矿物的颗粒溶蚀实验。具体操作为将一定质量的石英颗粒置于有机玻璃试管中，用移液管向 A 组的 4 个样品中加入 20mL 的多氢酸酸液，利用水力脉冲发生器向 B 组的 4 个实验样品中加入 20mL 的多氢酸酸液，在 50℃条件下，进行一定时间的静态酸岩溶蚀实验。

当反应不同时间后，将有机玻璃试管中的酸化液倒出，并用蒸馏水将酸蚀反应后的石

英颗粒冲洗至中性，烘干，冷却后称量；同时利用电子显微镜对反应前后的石英颗粒粒径进行统计分析，对比各组颗粒粒径大小的变化。

一定反应时间内的石英砂酸化溶蚀率和反应速率可以根据酸蚀反应前后的石英砂质量差求取：

$$x_{YS}=\frac{W_0-W_F}{W_0}\times 100\% \tag{6-14}$$

$$v_{YS}=\frac{W_0-W_F}{t} \tag{6-15}$$

式中　x_{YS}——石英砂溶蚀率，%；

W_0——石英颗粒初始质量，g；

W_F——石英颗粒反应后质量，g；

v_{YS}——石英颗粒反应速率，g/h；

t——反应时间，h。

二、岩石矿物的静态酸岩反应

无水力脉冲波加载条件下和水力脉冲波加载条件下石英颗粒溶蚀率曲线如图 6-10 所示。

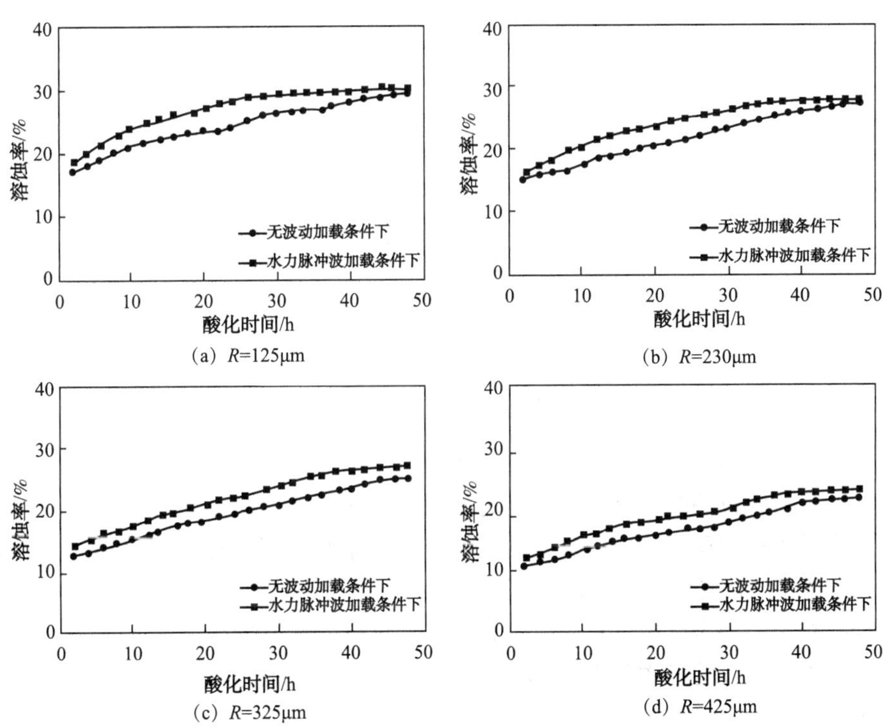

图 6-10　不同条件下石英砂颗粒溶蚀率随时间变化曲线

根据不同加载条件下石英砂的静态酸蚀实验结果(图 6-10)可知，在相同的加载条件下，酸化反应后石英砂颗粒的半径越小，溶蚀率越高。而相比无水力脉冲波加载条件下的酸岩反应溶蚀率，水力脉冲波加载条件下不同粒径石英砂的溶蚀率更高。随着溶蚀率的不断升高，石英砂颗粒的粒径也不断减小，不同粒径的石英砂颗粒酸化前后平均粒径大小的实验结果见表 6-13。

表 6-13 酸化前后石英砂颗粒粒径统计数据表

石英砂目数/目	酸化前平均粒径/μm	酸化后平均粒径/μm		平均粒径减小值/μm	
		A 组	B 组	A 组	B 组
25~40	425	374	367	51	58
40~60	325	288	281	37	44
60~90	230	204	198	26	32
90~120	125	105	100	20	25

由表 6-13 可知，水力脉冲波加载条件下酸岩反应后 4 种不同粒径的石英砂粒径均小于无波动加载条件下相应的石英砂粒径，可见水力脉冲波加载条件下的注酸方式有利于提高酸化效果。

三、岩石矿物的静态酸岩反应动力学

由酸岩反应的通式：

$$aH^{+}+YS=\!=\!=Y^{a+}H_{a}S \tag{6-16}$$

对于多相反应过程岩石颗粒的酸蚀反应，该过程一般利用不可逆反应过程加以描述，同时酸岩反应过程的整个反应过程中均具有明显的反应界面，如图 6-11 所示。

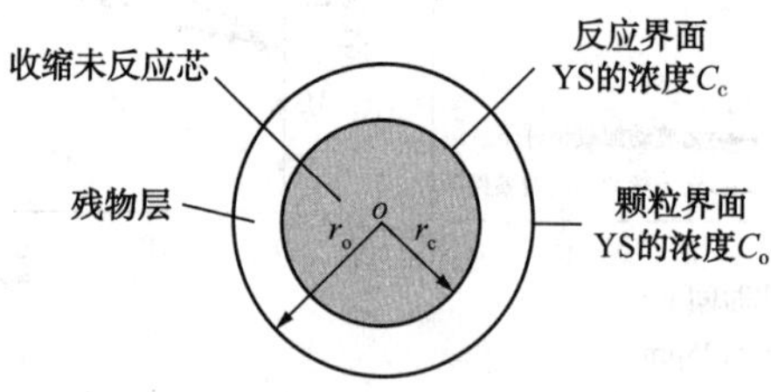

图 6-11 未反应收缩核酸蚀反应示意图

对于静态的岩石矿物酸岩反应动力学模型应做如下假设：

(1)整个岩石颗粒的酸岩反应过程视为拟稳态过程。

(2)反应过程中的反应温度恒定，同时反应过程中释放或吸收的热量所产生的瞬时微小温度变化此处忽略不计。

(3)岩石颗粒的酸岩反应过程中，岩石矿物颗粒粒径均匀减小。

(4)由于酸岩反应的产物并没有泥化现象的产生，因此假设酸岩反应过程满足未反应收缩核模型。

反应物 H^{+}通过固体颗粒残留层的扩散速度计算如下：

$$J(H^{+})=-4\pi r_c^2 D_e\frac{dC(H^{+})}{dr_c} \tag{6-17}$$

边界条件如下：

$$r=r_0,\ C(\mathrm{H}^+)=C_0(\mathrm{H}^+) \tag{6-18}$$

$$r=r_c,\ C(\mathrm{H}^+)=C_c(\mathrm{H}^+) \tag{6-19}$$

对式(6-15)进行积分，整理得到：

$$C_0(\mathrm{H}^+)-C_c(\mathrm{H}^+)=\frac{J(\mathrm{H}^+)}{4\pi D_e}\left(\frac{1}{r_c}-\frac{1}{r_0}\right) \tag{6-20}$$

在收缩未反应芯和残物层反应界面上进行的化学反应速率计算为：

$$-\frac{\mathrm{d}G(\mathrm{H}^+)}{\mathrm{d}t}=KAC_c(\mathrm{H}^+)=4\pi r_c^2 KC_c(\mathrm{H}^+) \tag{6-21}$$

当酸蚀反应达到稳定态时，H^+通过残物层的扩散速度和化学反应速率相等，则：

$$J(\mathrm{H}^+)=-\frac{\mathrm{d}G(\mathrm{H}^+)}{\mathrm{d}t} \tag{6-22}$$

从而得到：

$$C_c(\mathrm{H}^+)=\frac{D_e r_0 C_0(\mathrm{H}^+)}{K(r_0 r_c-r_c^2)+r_0 D_e} \tag{6-23}$$

根据酸岩反应通式(6-16)中的化学计量系数可以得到：

$$\frac{\mathrm{d}G(\mathrm{H}^+)}{\mathrm{d}t}=-a\frac{\mathrm{d}G_{\mathrm{YS}}}{\mathrm{d}t}=-\frac{ar_{\mathrm{YS}}}{M_{\mathrm{YS}}}4pr_c^2\frac{\mathrm{d}r_c}{\mathrm{d}t} \tag{6-24}$$

易知酸岩反应过程中岩石颗粒的损失量 x_{MB}和物质 YS 参与酸蚀反应的分数相等，则：

$$C_0(\mathrm{H}^+)=C_0(1-x_{\mathrm{YS}}) \tag{6-25}$$

因此，损失量为：

$$x_{\mathrm{YS}}=1-\left(\frac{r_c}{r_0}\right)^3 \tag{6-26}$$

联立式(6-21)～式(6-26)，消去 $C_c(\mathrm{H}^+)$，可得：

$$\frac{a\rho_{\mathrm{YS}}}{M_{\mathrm{YS}}}\frac{\mathrm{d}r_c}{\mathrm{d}t}=\frac{D_e r_0 KC_0\left(\frac{r_c}{r_0}\right)^3}{K(r_0 r_c-r_c^2)+r_0 D_e} \tag{6-27}$$

对式(6-27)进行积分并整理，同时将式(6-26)代入，可得：

$$t=\frac{a\rho_{\mathrm{YS}}r_0^2}{M_{\mathrm{YS}}D_e C_0}\left[(1-x_{\mathrm{YS}})-\frac{1}{3}-1+\ln(1-x_{\mathrm{YS}})^{\frac{1}{3}}\right]-\frac{ar_0\rho_{\mathrm{YS}}}{2KC_0M_{\mathrm{YS}}}\left[(1-x_{\mathrm{YS}})-\frac{2}{3}-1\right] \tag{6-28}$$

式(6-28)可简化为：

$$t=F(x_{\mathrm{YS}}) \tag{6-29}$$

$$\frac{t}{(1-x_{\mathrm{YS}})^{-\frac{1}{3}}-1+\ln(1-x_{\mathrm{YS}})^{\frac{1}{3}}}=\frac{a\rho_{\mathrm{YS}}r_0^2}{M_{\mathrm{YS}}D_e C_0}-\frac{ar_0\rho_{\mathrm{YS}}}{2KC_0M_{\mathrm{YS}}}\frac{(1-x_{\mathrm{YS}})^{-\frac{2}{3}}-1}{(1-x_{\mathrm{YS}})^{-\frac{1}{3}}-1+\ln(1-x_{\mathrm{YS}})^{\frac{1}{3}}} \tag{6-30}$$

定义：

$$y=\frac{t}{(1-x_{\mathrm{YS}})^{-\frac{1}{3}}-1+\ln(1-x_{\mathrm{YS}})^{\frac{1}{3}}} \tag{6-31}$$

$$x=\frac{(1-x_{YS})^{-\frac{2}{3}}-1}{(1-x_{YS})^{-\frac{1}{3}}-1+\ln(1-x_{YS})^{\frac{1}{3}}} \tag{6-32}$$

$$e=\frac{a\rho_{YS}r_0^2}{M_{YS}D_eC_0} \tag{6-33}$$

$$f=-\frac{ar_0\rho_{YS}}{2KC_0M_{YS}} \tag{6-34}$$

则式(6-30)转化为:

$$y=e+fx \tag{6-35}$$

式中 C_0——酸液初始浓度, mol/mL;

$C(H^+)$——酸液在主流体中的浓度, mol/mL;

$C_c(H^+)$——收缩未反应芯与液相界面上的酸液浓度, mol/mL;

$C_0(H^+)$——颗粒外表面与液相界面上酸液浓度, mol/mL;

D_e——有效扩散系数, cm^2/s;

$J(H^+)$——通过颗粒表面扩散到颗粒内部的酸液物质的量, mol;

K——反应速率常数;

ρ_{YS}——YS 物质的密度, g/cm^3;

M_{YS}——YS 物质相对分子质量;

r_0——石英颗粒的初始半径, cm;

r_c——反应进行 t 时间后收缩未反应芯的半径, cm;

a——酸液的反应系数;

$G(H^+)$——通过固体残留层酸液的物质量, mol;

G_{YS}——岩石颗粒的物质量, mol。

通过对不同加载条件下不同粒径石英颗粒的溶蚀率数据得到 x、y 值, 通过线性拟合可以得到基于未反应收缩核的酸岩反应动力学模型的回归曲线(图 6-12、图 6-13)。

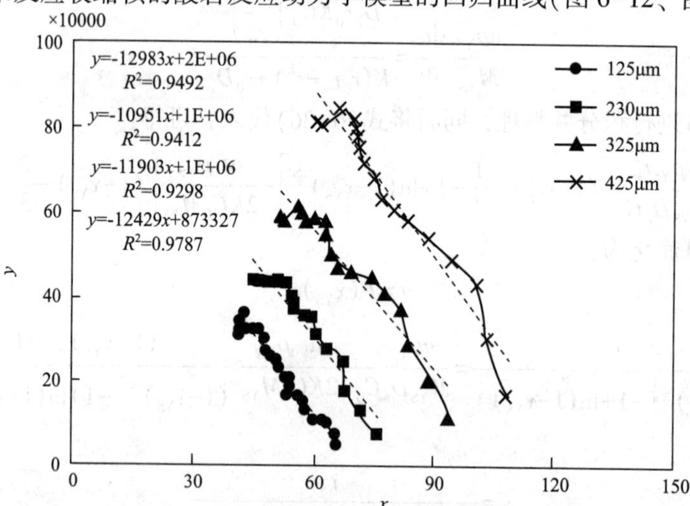

图 6-12 非波动条件下石英砂颗粒的静态酸岩反应动力学模型回归曲线

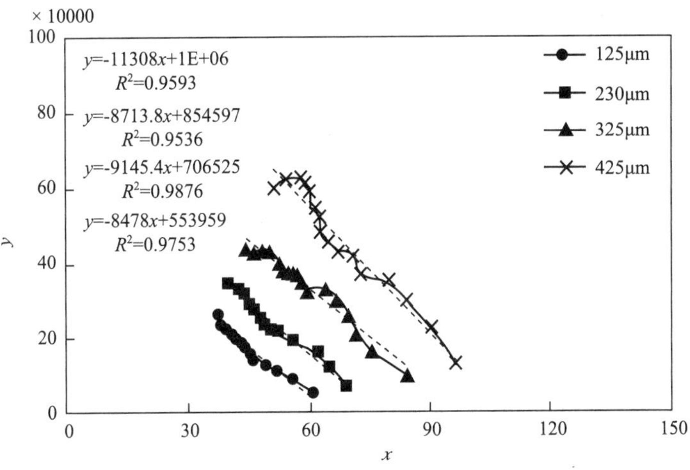

图 6-13　波动条件下石英砂颗粒的静态酸岩反应动力学模型回归曲线

通过式(6-35)可以看出，当酸液的反应系数 a、YS 物质的密度 ρ_{YS}、YS 物质相对分子质量 M_{YS}、岩石颗粒的初始半径 r_0、初始酸液物质浓度 C_0 一定时，e 值越小，有效扩散系数 D_e 越大。对比表 6-14 中非波动条件与波动条件下的回归系数 e，同一粒径条件下的波动条件下的 e 值均比非波动条件下的小。因此，波动作用有助于提高酸液有效成分的有效扩散系数，有利于提高酸岩反应速率，缩短酸岩反应时间。

表 6-14　不同条件下酸岩反应动力学模型参数

实验条件	石英砂粒径/μm	回归参数		
		$e/10^5$	f	R^2
非波动条件	425	20	12983	0.9492
	325	10	10951	0.9412
	230	10	11903	0.9298
	125	8.73	12429	0.9787
波动条件	425	10	11308	0.9593
	325	8.55	8713.8	0.9536
	230	7.07	9145.4	0.9876
	125	5.54	8478	0.9753

第四节　本章小结

(1)水力脉冲和酸化复合解堵增产技术的效果比单独作用的效果要好，以 CH-59 多氢酸体系为例，只进行酸化，岩心渗透率比为 1.9；水力脉冲波辅助酸化，其岩心渗透率比为 2.31~2.71；同时进行水力脉冲与酸化措施，岩心渗透率比可高达 2.71，达到最优的降压增注效果，它比分开进行水力脉冲和酸化的效果都要好。

(2)在波动条件下的静态酸岩反应实验的基础上，基于未反应核收缩模型，建立了波动条件下静态酸岩反应动力学模型，对实验数据进行动力学曲线回归，结果表明波动作用有助于提高酸液有效成分的有效扩散系数，有利于提高酸蚀效果。

(3)波动条件下的酸蚀表面分维值增大，加强了酸蚀反应的反应速度和激烈程度，使得反应后砂岩颗粒表面结构变得更加复杂无序，使得酸蚀过程向着非均匀溶蚀的方向进行；波动作用有助于提高酸液有效成分的有效扩散系数，有利于提高酸岩反应速率，缩短酸岩反应时间。

第七章　水力脉冲波协同酸化动力学

水力脉冲波解堵技术是一种物理振动解堵技术，水力脉冲波具有较强的穿透能力，使地层中流体及堵塞颗粒发生快速的往复振动，堵塞物脱离地层表面并在一定措施下及时排出，从而达到疏通地层孔道，提高污染地层孔渗性的效果。目前，应用于油水井近井地带的解堵具有很好的效果，同时具有简单、易行、投入少、见效快且不会给油田带来新的污染等优点，将水力脉冲波与酸化解堵技术相复合解堵是一种新型复合增产技术，现场应用表明利用水力脉冲波与酸化解堵的协同作用可以有效增强解堵效果。本章主要对水力脉冲波协同化学无机解堵过程中的动力学问题进行研究，开展了水力脉冲波条件下酸岩反应主控影响因素实验，基于水力脉冲波对岩石、流体物性的作用机理和盐酸、多氢酸解堵机理，在酸岩反应模型的基础上，建立了水力脉冲波条件下盐酸无机解堵的动力学模型和水力脉冲波条件下多氢酸无机解堵的动力学模型，从而为水力脉冲波协同化学无机解堵技术现场应用提供一定的理论指导。

第一节　水力脉冲波协同盐酸酸化动力学模型

一、水力脉冲波协同盐酸酸化动力学模型的建立

(一) 油藏中脉冲流体的运动模型

当振动波在液体中传播时，由于纵波对液体的作用使得液体质点的振动方向与整体液流的方向在同一矢量方向上。再者，如果振动相位和流速一致，那么两者的速度就可以相互叠加，从而得出孔隙中振动波条件下的流体流速表达式：

$$v=v_w+v_m \tag{7-1}$$

式中　v_w——无脉冲波条件下流体流速，μm/s；

v_m——有脉冲条件下流体质点速度，μm/s。

振动波的一般方程如下：

$$y=A_0\cos\left[\omega\left(t-\frac{x}{u}\right)+\phi\right] \tag{7-2}$$

式中　A_0——振幅初始值，cm；

ω——振动角频率，Hz；

t——振动时间，s；

x——波传播距离，cm；

u——为传播介质中的波速，cm/s；

ϕ——初相位。

考虑到振动波能量的耗散，将耗散系数 $e^{-\beta x}$ 引入式(7-2)，可得地层孔隙条件下振动波的方程，即：

$$y=A_0e^{-\beta x}\cos\left[\omega\left(t-\frac{x}{u}\right)+\phi\right] \tag{7-3}$$

式中 β——衰减系数，取决于地层孔隙结构和孔隙中流体性质。

水力脉冲发生器在井下运行之后，会在地层中产生多列脉冲波的叠加。首列脉冲波的方程如下：

$$y_1=A_0e^{-\beta x}\cos\left[\omega\left(t-\frac{x}{u}\right)+\phi_1\right] \tag{7-4}$$

第二列脉冲波在与首列波间隔时间 t_0 后发出，其波动方程：

$$y_2=A_0e^{-\beta x}\cos\left[\omega\left(t-\frac{x}{u}\right)+\phi_2\right] \tag{7-5}$$

同一振源发出的不同列的脉冲波具有相同的初始相位与振幅。所以，当振源发出第二列脉冲波时，前一列波已经振动了 ωt_0 相位，即得 $\phi_1-\phi_2=\omega t_0$。

振源发出的两列脉冲波发生叠加后，振动方程如下：

$$Y_2=A_2e^{-\beta x}\cos\left[\omega\left(t-\frac{x}{u}\right)+\phi_2\right] \tag{7-6}$$

其中：

$$A_2=\sqrt{2A_0^2+2A_0^2\cos(\phi_2-\phi_1)}$$

$$\phi_2=\tan-1\frac{A_0\sin\phi_1+A_0\sin\phi_2}{A_0\cos\phi_1+A_0\cos\phi_2}$$

第三列脉冲波产生之后与前两列波叠加，方程如下：

$$Y_3=A_3e^{-\beta x}\cos\left[\omega\left(t-\frac{x}{u}\right)+\phi_3\right] \tag{7-7}$$

其中：

$$A_3=\sqrt{A_2^2+A_0^2+2A_2A_0\cos(\phi_2-\phi_3)}$$

$$\phi_3=\tan-1\frac{A_0\sin\phi_3+A_3\sin\phi_2}{A_0\cos\phi_3+A_0\cos\phi_2}$$

以此类推，振源在间隔 $(n-1)t_0$ 时间之后发出第 n 列脉冲波，振动方程如下：

$$y_n=A_0e^{-\beta x}\cos\left[\omega\left(t-\frac{x}{u}\right)+\phi_n\right] \tag{7-8}$$

第 n 列波与前面的 $(n-1)$ 列波发生叠加，方程如下：

$$Y_n=A_ne^{-\beta x}\cos\left[\omega\left(t-\frac{x}{u}\right)+\phi_n\right]\quad(n>3) \tag{7-9}$$

其中：

$$A_n=\sqrt{A_{n-1}^2+A_0^2+2A_{n-1}A_0\cos(\phi_{n-1}-\phi_{n-1})}$$

$$\phi_n=\tan-1\frac{A_0\sin\phi_{n-1}+A_{n-1}\sin\phi_{n-1}}{A_0\cos\phi_{n-1}+A_{n-1}\cos\phi_{n-1}}$$

$$\phi_n - \phi_{n-1} = \omega t_0$$

对式(7-9)求导可得叠加之后质点的振动速度，即：

$$v_m = Y_n'(t) = -\omega A_n e^{-\beta x} \sin\left[\omega\left(t - \frac{x}{u}\right) + \phi_n\right] \tag{7-10}$$

由式(7-1)可得流体在地层孔隙中存在水力脉冲条件下的流速，即：

$$v = v_w - \omega A_n e^{-\beta x} \sin\left[\omega\left(t - \frac{x}{u}\right) + \phi_n\right] \tag{7-11}$$

(二)酸岩反应速率

酸岩反应速率受很多因素的影响，包括酸岩接触的有效面积、岩石矿物成分、酸液体系的成分组成以及岩石所处环境的温度和压力。在过渡态理论的基础上，赫尔格森等提出了关于酸液溶解矿物反应速率的定律：

$$v_j = -R_{rj} C_{HCl} (C_{aj} - C_{bj}) \tag{7-12}$$

式中 v_j——盐酸与所对应矿物的反应速率，g/h；

R_{rj}——盐酸与所对应矿物的反应速度常数；

C_{HCl}——HCl 的浓度，g/cm^3；

C_{aj}——矿物反应后的浓度，g/cm^3；

C_{bj}——矿物反应前的浓度，g/cm^3。

矿物溶解消耗酸液的速度：

$$v_s = k_m r_m \tag{7-13}$$

其中，k_m为化学计量数，定义：溶解 1mol 矿物所消耗酸液体系的摩尔数。

用盐酸进行酸化时，其前置液的主要作用是溶解地层中的碳酸盐岩，防止其与氢氟酸发生反应，保护氢氟酸，同时碳酸盐岩的溶解还可以在一定程度上提高油藏的渗透率和孔隙度。

(三)基本假设

(1)不考虑氢离子的扩散传质。

(2)不考虑储层的各向异性，且认为酸化体系在储层中的流动为径向的流动，且满足达西定律的应用条件。

(3)将油藏岩石的组成矿物分成几类，每一类矿物与酸的反应溶解都服从其与对应酸液反应的动力学方程。

(4)纵向上地层孔隙中酸浓度保持不变，同一点的酸液浓度在孔隙中与在孔隙壁面大小一样。

(5)酸化体系在地层中的流动为单向径向流，且按照达西定律流动。

(四)网格的划分

本书对所建立的数学模型进行求解时，采用的网格划分形式如图 7-1 所示。以井眼为中心划分为 n 个径向网格单元体，则每个单元体的面积可以表达为：

$$A_i = \pi(r_i^2 - r_{i-1}^2),\ r_i = a r_{i-1} \quad (i=1, 2, \cdots, n, a>1) \tag{7-14}$$

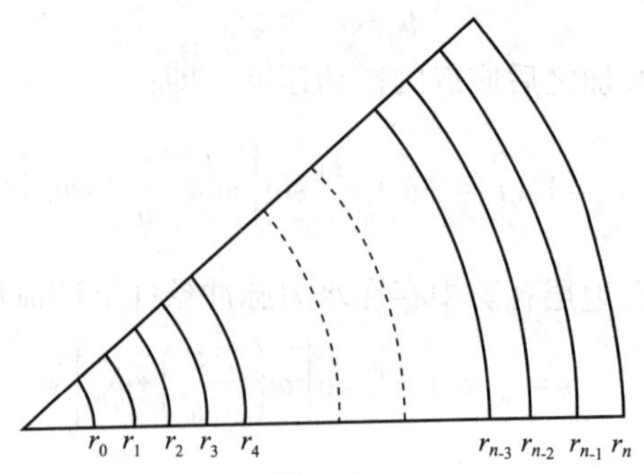

图 7-1　网格的划分

图 7-2 展示的是微元体的划分。并作假设：油藏的泄油半径是 R_e；所划分的微元体高度为 h。

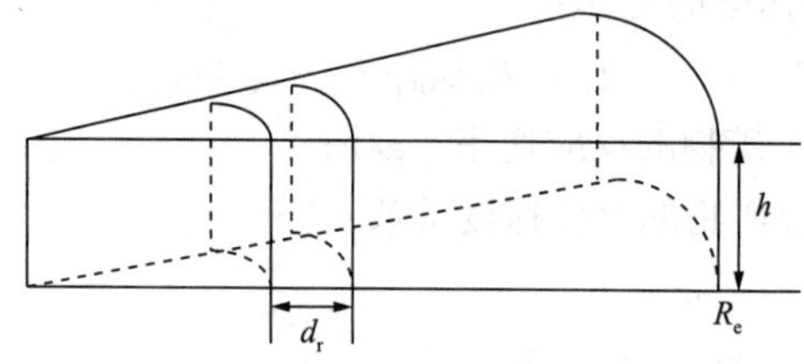

图 7-2　微元体的划分

(五)建立模型

(1)一定单位时间内，径向流出微元体的盐酸摩尔数为 n_i，即：

$$n_i = 2h\pi rvC_{HCl} \tag{7-15}$$

(2)一定单位时间内，径向流出微元体的盐酸摩尔数为 n_0，即：

$$n_0 = 2h\pi\left(v+\frac{\partial v}{\partial r}dr\right)(r+dr)\left(C_{HCl}+\frac{\partial C_{HCl}}{\partial r}dr\right) \tag{7-16}$$

(3)一定单位时间内，微元体内由于发生反应而消耗的盐酸摩尔数为 n_f：

$$n_f = 2h\pi rv_{HCl}dr \tag{7-17}$$

(4)一定单位时间内，微元体内的盐酸摩尔数的变化值为 n_b：

$$n_b = 2h\phi\pi rdr\frac{\partial C_{HCl}}{\partial t} \tag{7-18}$$

由守恒定律：

$$n_b = n_i - n_0 - n_f \tag{7-19}$$

整理式(7-15)~式(7-19)，消除二阶无穷小量可以得到盐酸酸化的数学模型，即：

$$v\frac{\partial C_{HCl}}{\partial r}+\phi\frac{\partial C_{HCl}}{\partial t} = -v_{HCl} \tag{7-20}$$

式中　ϕ——孔隙度；
C_{HCl}——HCl 浓度，g/cm^3；
v——脉冲酸液速度，μm/s；
v_{HCl}——盐酸反应速率，g/h。

(5)微元体内，碳酸盐岩反应消耗掉的物质的量等于减少的物质的量，即：

$$2h\pi r(1-\phi)\frac{\partial C_{\mathrm{j}}}{\partial t}\mathrm{d}r=2h\pi r v_{\mathrm{j}}\mathrm{d}r \tag{7-21}$$

化简整理：

$$v_{\mathrm{j}}=(1-\phi)\frac{\partial C_{\mathrm{j}}}{\partial t} \tag{7-22}$$

式(7-22)即为碳酸盐岩反应的数学模型。

式中　r_{j}——碳酸盐反应速率，g/h；

C_{j}——碳酸盐浓度，g/cm^3。

综合以上，可得碳酸盐岩和盐酸在水力脉冲波场中发生反应的数学模型：

$$\begin{cases} v\dfrac{\partial C_{\mathrm{HCl}}}{\partial r}+\phi\dfrac{\partial C_{\mathrm{HCl}}}{\partial t}=-r_{\mathrm{HCl}} \\ v=v_{\mathrm{w}}-\omega A_{\mathrm{n}}e^{-\beta x}\sin\left[\omega\left(t-\dfrac{x}{u}\right)+\phi_{n}\right] \\ v_{\mathrm{j}}=(1-\phi)\dfrac{\partial C_{\mathrm{j}}}{\partial t} \\ r_{\mathrm{s}}=k_{\mathrm{m}}r_{\mathrm{m}} \\ v_{\mathrm{j}}=-R_{\mathrm{rj}}C_{\mathrm{HCl}}(C_{\mathrm{aj}}-C_{\mathrm{bj}}) \end{cases} \tag{7-23}$$

初始条件与边界条件：

$$\begin{cases} C_{\mathrm{j}}(r,\ 0)=C_{\mathrm{rj}},\ C_{\mathrm{HCl}}(r,\ 0)=0 \\ C_{\mathrm{j}}(r_{\mathrm{w}},\ t)=0,\ C_{\mathrm{HCl}}(r_{\mathrm{w}},\ t)=C_{\mathrm{HCl}i} \\ C_{\mathrm{j}}(r>R_{\mathrm{fe}},\ t)=C_{\mathrm{rj}},\ C_{\mathrm{HCl}}(r>R_{\mathrm{fe}},\ t)=0 \end{cases} \tag{7-24}$$

式中　C_{rj}——初始碳酸盐岩矿物浓度，g/cm^3；

R_{fe}——酸岩酸蚀半径，cm；

C_{HCli}——初始 HCl 浓度，g/cm^3。

二、水力脉冲波协同盐酸酸化动力学模型的求解

(一)盐酸酸化模型的求解

在求解盐酸酸化模型时，采用 Crank-Nicolson 差分格式(C-N 差分格式)求解 HCl 浓度分布数值解以提高求解精度。盐酸酸化模型的 Crank-Nicolson 差分格式：

$$\phi_i^n\frac{C_{\mathrm{HCl}i}^{n+1}-C_{\mathrm{HCl}i}^{n}}{\Delta t_n}+v_i^n\left(\frac{C_{\mathrm{HCl}i+1}^{n+1}-C_{\mathrm{HCl}i-1}^{n+1}}{2(r_{i+1}-r_{i-1})}+\frac{C_{\mathrm{HCl}i+1}^{n}-C_{\mathrm{HCl}i-1}^{n}}{2(r_{i+1}-r_{i-1})}\right)=-r_{\mathrm{HCl}i}^{n} \tag{7-25}$$

化简：

$$A_i^nC_{\mathrm{HCl}i-1}^{n+1}+B_i^nC_{\mathrm{HCl}i}^{n+1}+C_i^nC_{\mathrm{HCl}i+1}^{n+1}=D_i^n \tag{7-26}$$

其中：

$$A_i^n=-\frac{v_i^n}{2(r_{i+1}-r_{i-1})}$$

$$B_i^n=\frac{\phi_i^n}{\Delta t_n}$$

$$C_i^n=-A_i^n$$

$$D_i^n=\frac{\phi_i^n}{\Delta t_n}C_{\mathrm{HCl}i}^n-\frac{v_i^n(C_{\mathrm{HCl}i+1}^n-C_{\mathrm{HCl}i-1}^n)}{2(r_{i+1}-r_{i-1})}-r_{\mathrm{HCl}i}^n$$

进一步可得到 HCl 浓度 Crank-Nicolson 的数值模型，即：

$$\begin{cases}A_i^nC_{\mathrm{HCl}i-1}^{n+1}+B_i^nC_{\mathrm{HCl}i}^{n+1}+C_i^nC_{\mathrm{HCl}i+1}^{n+1}=D_i^n\\ C_{\mathrm{HCl}i}^0=0 \quad (\text{边界条件})\\ C_{\mathrm{HCl}0}^{n+1}=C_{\mathrm{HCl}0} \quad (\text{内边界条件})\\ C_{\mathrm{HCl}N}^{n+1}=0 \quad (\text{外边界条件})\\ C_{\mathrm{HCl}i>N}^{n+1}=0 \quad (i=1,\ 2,\ \cdots,\ N;\ n=1,\ 2\cdots)\end{cases} \tag{7-27}$$

将式(7-27)写成矩阵的形式，即：

$$\begin{bmatrix}B_1^n & C_1^n & & & & & \\ A_2^n & B_2^n & C_2^n & & & & \\ \cdots & & & & & & \\ & & A_i^n & B_i^n & C_i^n & & \\ \cdots & & & & & & \\ & & & & & A_{N-1}^n & B_{N-1}^n\end{bmatrix}\begin{bmatrix}C_{\mathrm{HCl}1}^{n+1}\\ C_{\mathrm{HCl}2}^{n+1}\\ \cdots\\ C_{\mathrm{HCl}i}^{n+1}\\ \cdots\\ \\ C_{\mathrm{HCl}N-1}^{n+1}\end{bmatrix}=\begin{bmatrix}D_1^n-A_1^nC_{\mathrm{HCl}0}\\ D_2^n\\ \cdots\\ D_i^n\\ \cdots\\ \\ D_{N-1}^n\end{bmatrix} \tag{7-28}$$

上面的三对角矩阵即为 HCl 浓度的求解矩阵；求解时采用追赶法。

(二) 求解矿物成分溶解模型

按照上述求解 HCl 浓度模型的方法，同样先对矿物成分溶解浓度模型进行差分，从而得到碳酸盐矿物浓度的求解模型，即：

$$\begin{cases}r_{\mathrm{j}i}^n=(1-\phi_2^n)\dfrac{C_{\mathrm{j}i}^{n+1}-C_{\mathrm{j}i}^n}{\Delta t_{n+1}}\\ r_{\mathrm{j}i}^n=-K_{\mathrm{rj}}C_{\mathrm{HCl}i}^n(C^n-C_{\mathrm{rj}})\\ C_{\mathrm{j}i}^0=C_{\mathrm{vj}}\\ C_{\mathrm{jI}}^{n+1}=0\\ C_{\mathrm{jK}}^{n+1}=C_{\mathrm{rj}}\end{cases} \tag{7-29}$$

此外，也可以用矩阵法求解浓度方程。

同理，求解 HF 浓度和碳酸盐矿物浓度模型可以用相同的方法，求解的差分格式和步骤都是相同的。

三、软件模拟与分析

在以上理论分析和数学模型分析的基础上，本节利用浓度分布模拟软件以及计算（图 7-3～图 7-6）进行水力脉冲波-酸化复合作用过程的相关模拟与计算。设定不同的水力脉冲波频率与强度，通过该软件的模拟计算，可以确定流体在地层孔隙中的流速分布及变化，从而预测出不同时间 t、不同距离处的酸化体系浓度的分布。这可以在很大程度上指导油田现场的酸化施工，也同时可以为水力脉冲波辅助酸化深度解堵技术提供借鉴，减少盲目性，从而更有利于该项技术在油田的应用实施与推广。

水力脉冲化学复合软件
波动辅助深度酸化
优化决策软件
石油工程学院
V2010.1

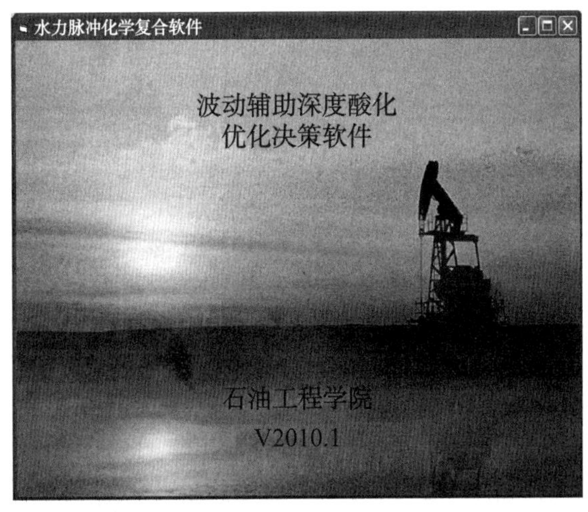

图 7-3　模拟软件界面图

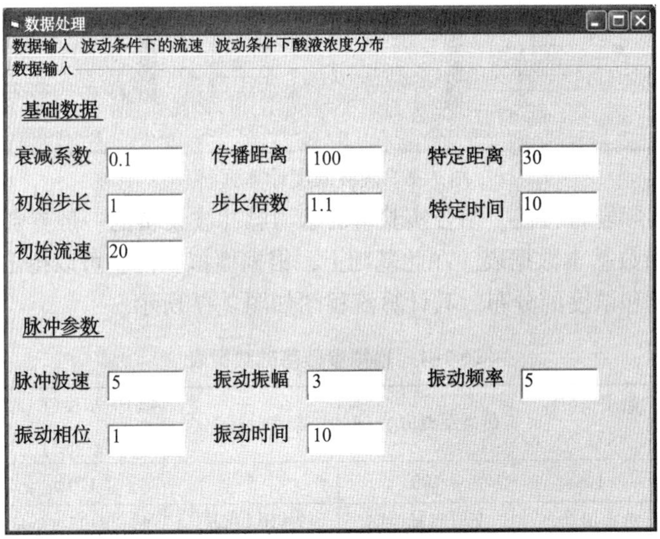

数据处理
数据输入 波动条件下的流速 波动条件下酸液浓度分布
数据输入
基础数据
衰减系数 0.1
传播距离 100
特定距离 30
初始步长 1
步长倍数 1.1
特定时间 10
初始流速 20
脉冲参数
脉冲波速 5
振动振幅 3
振动频率 5
振动相位 1
振动时间 10

图 7-4　数据输入界面

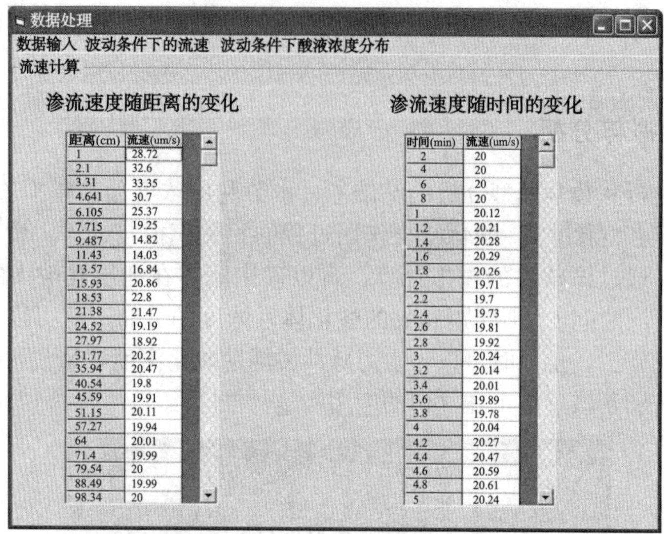

距离(cm)	流速(um/s)
1	28.72
2.1	32.6
3.31	33.35
4.641	30.7
6.105	25.37
7.715	19.25
9.487	14.82
11.43	14.03
13.57	16.84
15.93	20.86
18.53	22.8
21.38	21.47
24.52	19.19
27.97	18.92
31.77	20.21
35.94	20.47
40.54	19.8
45.59	19.91
51.15	20.11
57.27	19.94
64	20.01
71.4	19.99
79.54	20
88.49	19.99
98.34	20

时间(min)	流速(um/s)
2	20
4	20
6	20
8	20
1	20.12
1.2	20.21
1.4	20.28
1.6	20.29
1.8	20.26
2	19.71
2.2	19.7
2.4	19.73
2.6	19.81
2.8	19.92
3	20.24
3.2	20.14
3.4	20.01
3.6	19.89
3.8	19.78
4	20.04
4.2	20.27
4.4	20.47
4.6	20.59
4.8	20.61
5	20.24

图 7-5 水力脉冲条件下流体速度计算

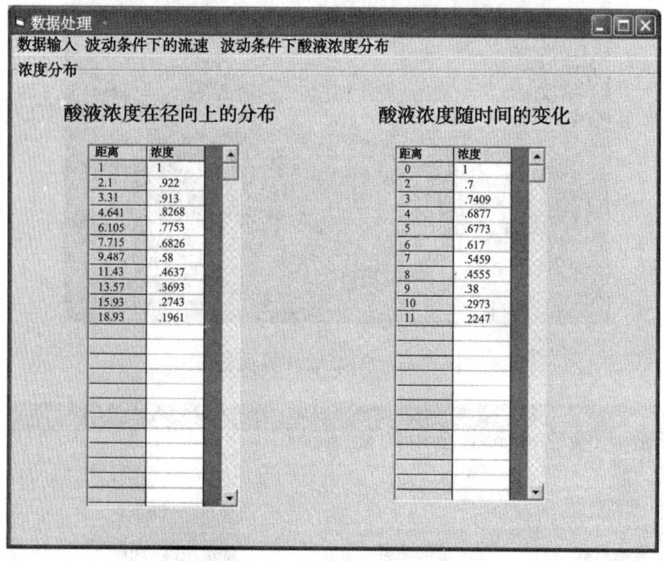

距离	浓度
1	1
2.1	.922
3.31	.913
4.641	.8268
6.105	.7753
7.715	.6826
9.487	.58
11.43	.4637
13.57	.3693
15.93	.2743
18.93	.1961

距离	浓度
0	1
2	.7
3	.7409
4	.6877
5	.6773
6	.617
7	.5459
8	.4555
9	.38
10	.2973
11	.2247

图 7-6 酸液浓度计算页面

根据油藏的实际岩石特性，结合实验室的水力脉冲波设备的一般参数设置，整理了如表 7-1 所示模拟参数基本数据表。在此基础上，根据模拟软件就可以得出水力脉冲波条件下酸液的渗流状况和浓度的分布。其计算流程图如图 7-7 所示。

表 7-1 模拟参数基础数据表

初始流速(v)/(μm/s)	初始步长(l)/cm	传播距离(L)/cm	频率(ω)/Hz	4%HF 浓度(C_{HF})/(g/cm^3)	波速(v_w)/(μm/s)
20	1	100	5	1.05	5
振动相位(ϕ)/rads	单次振动时间(t)/min	累计振动时间(T)/min	9%HCl 浓度(C_{HCl})/(g/cm^3)	特定时间/(min，模拟距离影响)	特定距离/(cm，模拟时间影响)
1	10	30	1.05	10	

续表

衰减系数	孔隙度/%	化学计量数/km	步长倍数	振幅(A_0)/μm	HCl 反应常数(K_{fj})
0.1	19.5	2	1.1	3	0.86
12%HCl 浓度(C_{HCl})/(g/cm³)	碳酸盐岩含量(C_j)/(g/cm³)	慢反应矿物含量(C_{Min2})/(g/cm³)	慢反应矿物反应常数(k_2)	快反应矿物含量(C_{Min1})/(g/cm³)	快反应矿物反应常数(k_1)
1.06	0.51	0.43	1.05	0.62	0.93
H_2SiF_6 反应常数(k_3)			SiO_2 反应常数(k_4)		
2.12			0.63		

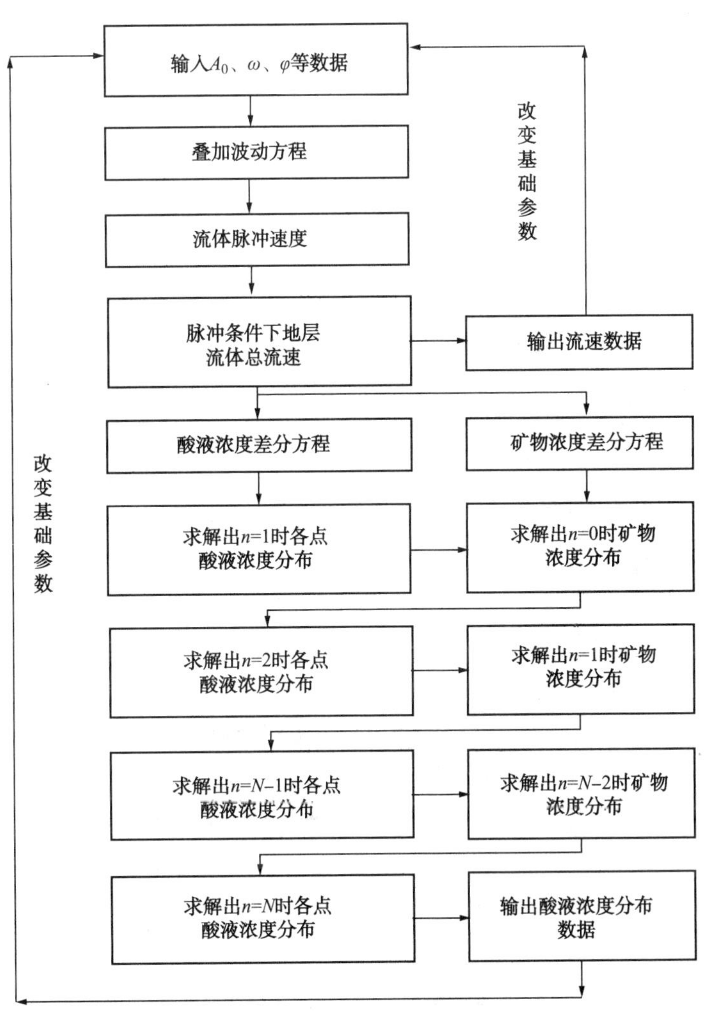

图 7-7　模型运算基本流程图

(一) 不同影响参数下的渗流速度

假设在不存在水力脉冲波的情况下，流体在地层中的流动呈现达西渗流。无波动条件下的渗流速度为 20μm/s，施加水力脉冲波后，孔隙中流体的速度受波动及其他很多参数的影响会发生各种变化，现作详细讨论。

(1) 流体流速的分布。

沿着水力脉冲波的传播延伸的方向，不同距离处流速的分布是有很大变化的，如图 7-8所示为水力脉冲 10min 时不同传播距离处的流速分布。

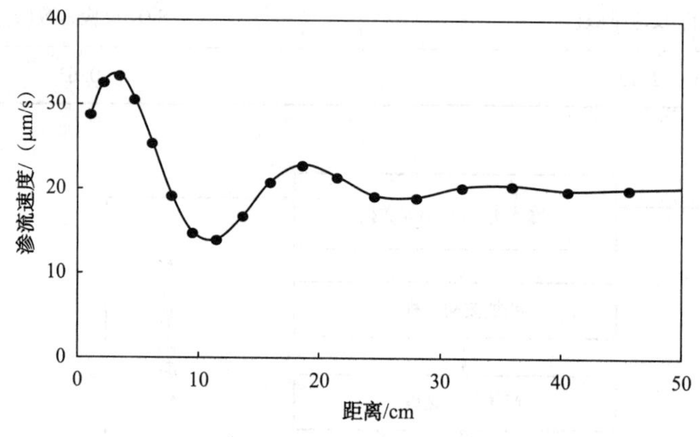

图 7-8　距离对渗流速度的影响

由图 7-8 可知，流速随径向距离的分布呈正弦形式，以 20μm/s 为平衡线。由于油层的阻尼作用，随着水力脉冲波的传播和距离的延伸，流速波动的振幅趋于减小，最后趋于消失。水力脉冲波的施加所引起的这种流速波动可以在一定程度上增强脉冲流体对储层孔隙堵塞物的冲击，增加扰动效应，提高解堵效果，实现油水井的增产增注。

此外，波动时间对流速的影响也很大，图 7-9 为不同波动时间下流速的分布。

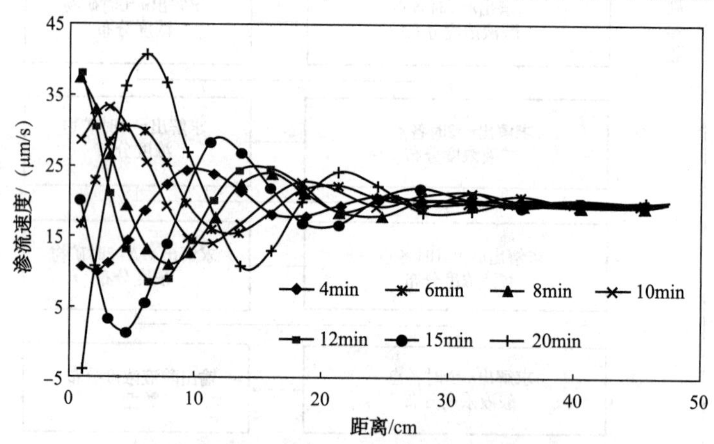

图 7-9　渗流速度随脉冲时间的变化

由图 7-9 知，不同累计波动时间下，随着传播距离的延伸，各流速的正弦变化都逐渐变弱，最后趋于稳定。对比各条流速曲线可以得出，累计波动时间越长，相同距离处的流速变化振幅越大。波动时间为 15min 时，最小流速接近于 0。如果时间进一步增加，流速会小于0，从而出现倒流现象，所以在水力脉冲波施工时要采用间歇式波动方式，本书中选取10min。

(2)时间对流速的影响。

固定某一点，研究该处的流速随时间的变化。该点固定于传播距离15cm处，其速度变化如图7-10所示。

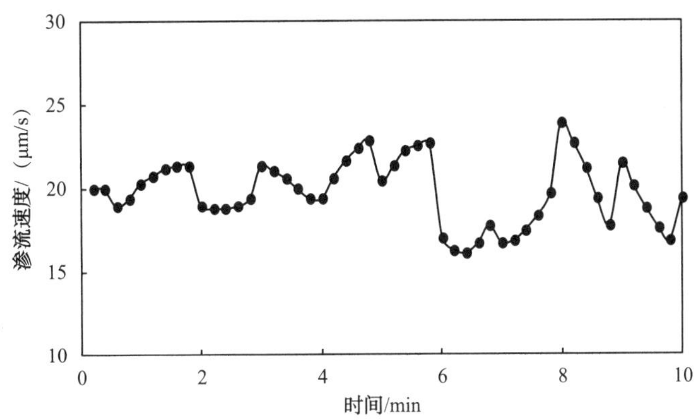

图7-10　不同时间下15cm处点的渗流速度

由图7-10可以看出，初期该点处的流速为不存在波动时的20μm/s，说明波动还没有传播到此处。随后，该点流速开始发生变化，波动传到此点，该点流速虽然无规律可循，但都保持在20μm/s左右。

时间对不固定点流速的影响如图7-11所示。

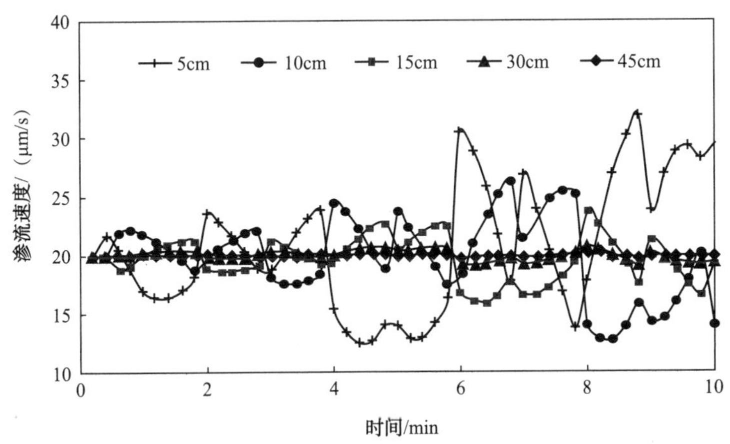

图7-11　不同时间不同点处的渗流速度

图7-11为不同点处不同时间时的流速。由该图可知，受阻尼作用等的影响流速变化没有明显的规律，但都保持在一定水平上下波动，而且距离波动源越近，流速变化振幅越大。

(3)不同频率下的流速变化。

如图7-12和图7-13所示为不同频率下的流速变化，频率增大，变化振幅也增大。同一频率下随着时间的延长，变化振幅会出现一定的周期性变化。在选择频率时，既要考虑油藏性质又要考虑地层流体性质。

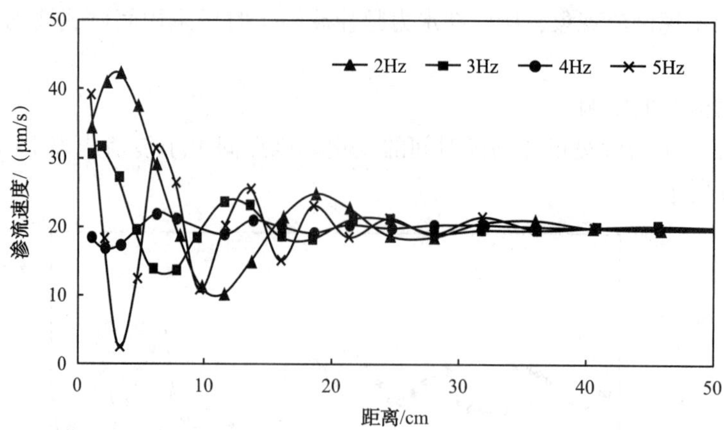

图 7-12　不同频率下不同位置处的渗流速度

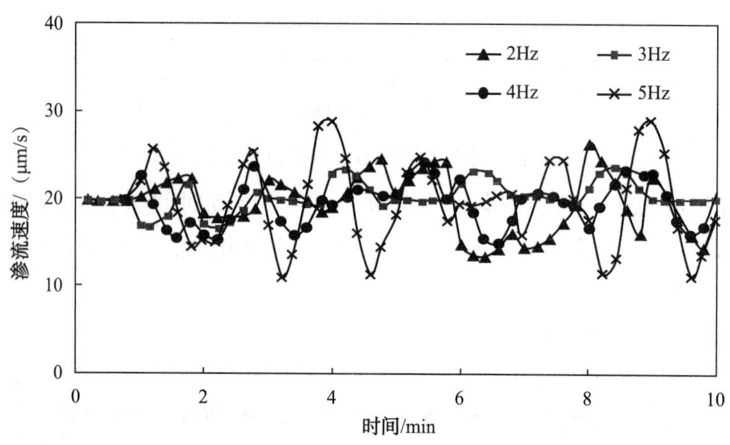

图 7-13　不同频率不同时间下 15cm 处的渗流速度

(4)不同振幅下的流速变化。

不同振幅下的流速变化如图 7-14 和图 7-15 所示，可以看出，振幅越大，时间越长，流速变化幅度越大，所以振幅和时间都要控制合理，否则流速会小于 0，即出现回流。

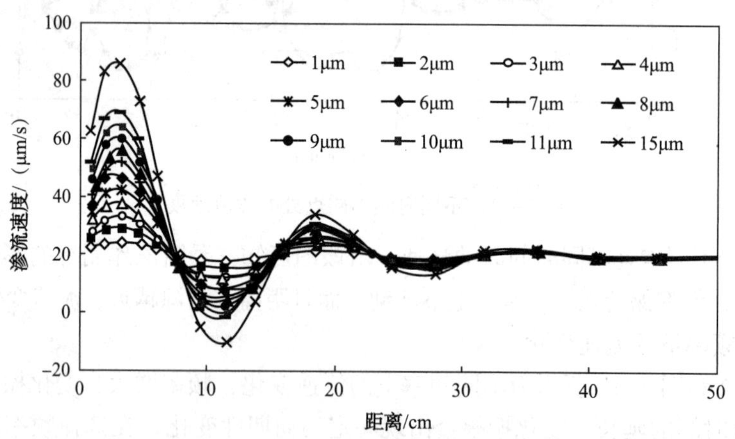

图 7-14　不同距离和振幅条件下流速的分布

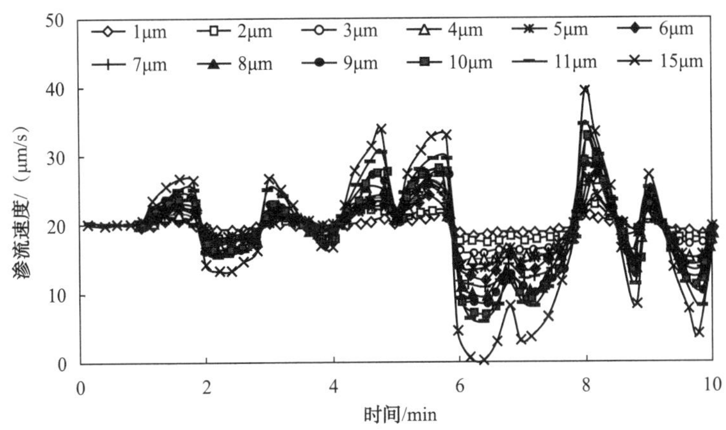

图 7-15　不同振幅不同时间下某一位置处的渗流速度

(二)不同影响参数下的酸液浓度

(1)不同时间不同距离处酸液浓度的分布。

采用水力脉冲波辅助酸化技术，由于水力脉冲波的影响，脉冲流体酸液在地层空隙内的流速变化具有波动性和扰动性。这不利于酸岩反应，从而降低了酸化体系的消耗，使得酸化体系可以到达更深的地层，实现深穿透解堵。

为方便研究和描述，作如下定义：

$$R=\frac{C}{C_i} \tag{7-30}$$

式中　R——浓度比；

C_i——酸化体系的初始浓度，g/cm^3；

C——t 时间时的酸化体系浓度，g/cm^3。

水力脉冲波对酸化体系浓度分布的影响如图 7-16 所示。由该图可知，波动条件下的浓度比普遍高于没有波动的浓度比，即波动条件下的酸化体系浓度较高，消耗较少，有利于深部酸化解堵。

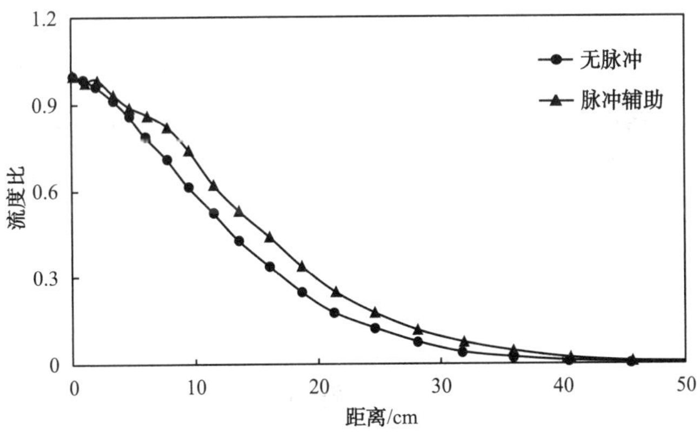

图 7-16　有无脉冲波条件下不同距离处的酸液浓度

时间延长，酸化体系逐渐扩散，如图 7-17 和图 7-18 所示。

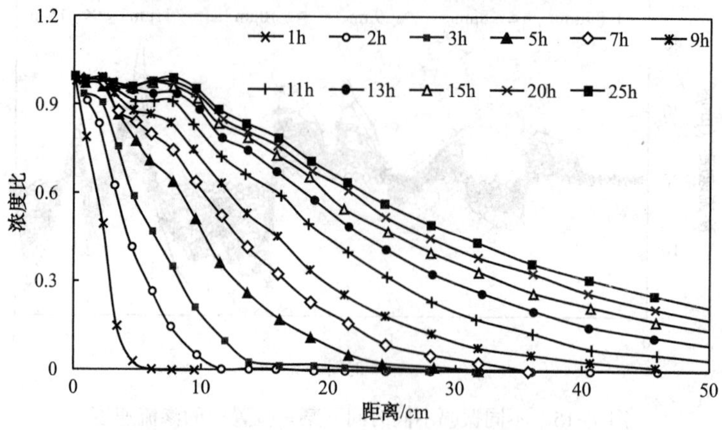

图 7-17　不同时间不同距离处酸液浓度的变化

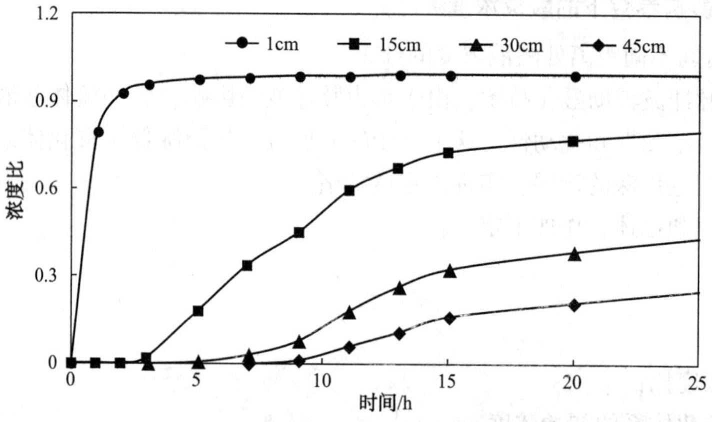

图 7-18　不同时间下某点处酸液浓度的变化

由图 7-17 和图 7-18 可知，时间延长，各处的酸化体系浓度是不断增加的，而且距离振源越近浓度增加越快，浓度值较大。

(2)不同振幅和频率下的酸化体系浓度分布。

水力脉冲波振幅与频率对酸化体系浓度分布的影响如图 7-19~图 7-22 所示。

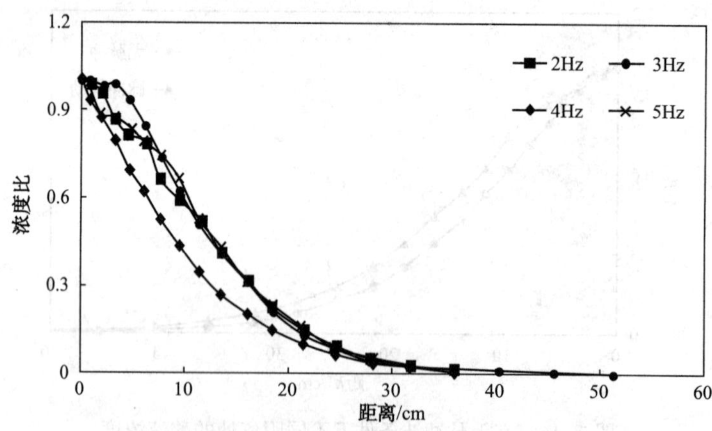

图 7-19　不同频率下不同距离处酸液浓度的变化

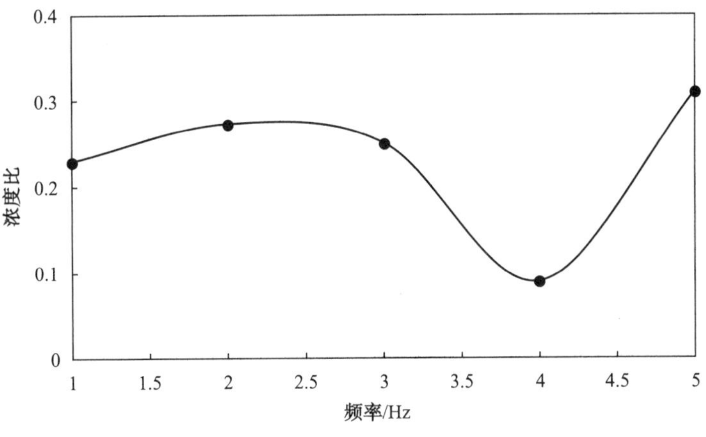

图 7-20　不同频率下 15cm 处酸液浓度的变化

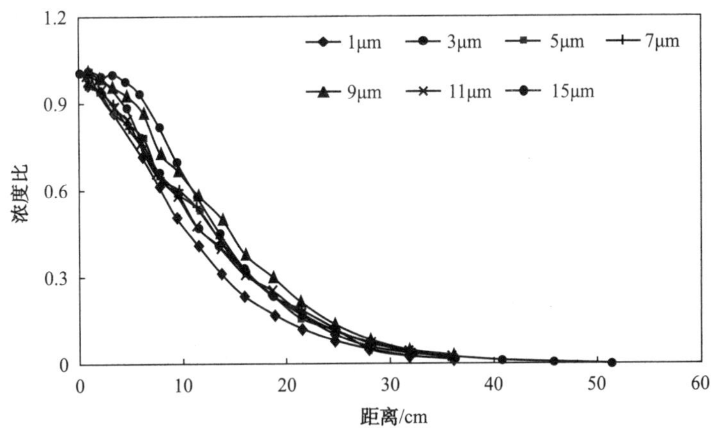

图 7-21　不同振幅条件下酸液浓度的变化

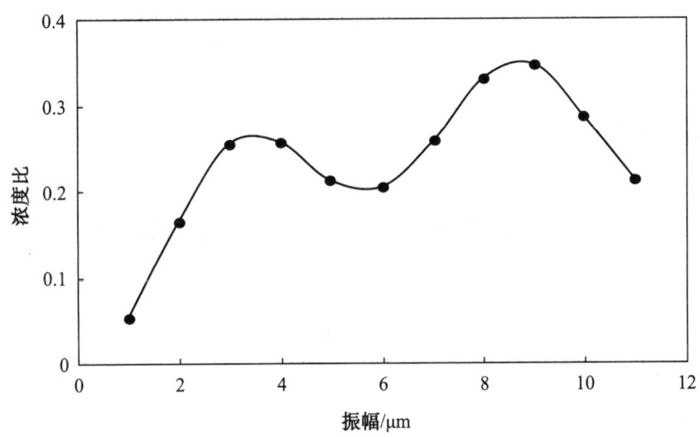

图 7-22　不同振幅条件下 15cm 处酸液浓度的变化

可以看出，水力脉冲波的频率和振幅可以显著地影响酸化体系浓度分布，且根据其影响趋势线可以判断出水力脉冲波辅助酸化技术的最佳频率和振幅：频率为 2～3Hz 为最佳，振幅为 3μm 或 9μm 为最佳。在实际应用中，这些参数还需要具体情况具体调节设置。

第二节　水力脉冲波协同多氢酸酸化动力学模型

本书基于多氢酸活性酸组分的酸岩反应动力学模型，以水力脉冲传播动力学为基础，将水力脉冲波波场与酸岩反应动力学模型进行耦合，建立了水力脉冲波协同多氢酸酸化反应动力学模型，利用 Crank-Nicolson 差分格式对所建模型进行了求解，研究了孔隙度、渗透率、酸液及矿物浓度随时间和距离的变化规律，进行了相应的协同解堵参数的敏感性分析。从而对水力脉冲波协同多氢酸酸化复合解堵技术的现场应用具有一定的理论指导意义。

(一) 水力脉冲波作用下流体的运动方程

水力脉冲波在传播过程中可视为纵波的传播过程，水力脉冲波液体质点的振动方向与整体的液流方向相同。当振动的相位和流速一致时，二者的速度可以相互叠加，同时可以将水力脉冲波作用下孔隙中的流体流速表示为：

$$v=v_{\mathrm{w}}+v_{\mathrm{m}} \tag{7-31}$$

式中　v_{w}——无水力脉冲波作用下储层孔隙中流体的流速，μm/s；

v_{m}——水力脉冲波作用下流体质点的速度，μm/s。

水力脉冲波作用下流体质点的振动速度可以表示为：

$$v_{\mathrm{m}}=\frac{\partial Y_{\mathrm{n}}(t)}{\partial t}=-\omega A_{\mathrm{n}}\mathrm{e}^{-\beta x}\sin\left[\omega\left(t-\frac{x}{u}\right)+\phi_{\mathrm{n}}\right] \tag{7-32}$$

利用波的叠加原理可以得到水力脉冲波作用下储层孔隙中流体的流速：

$$v=v_{\mathrm{w}}-\omega A_{\mathrm{n}}\mathrm{e}^{-\beta x}\sin\left[\omega\left(t-\frac{x}{u}\right)+\phi_{\mathrm{n}}\right] \tag{7-33}$$

(二) 酸岩反应速率

酸岩反应速率受到多种因素的影响，其中包括岩石矿物的组分、酸液的组成、反应温度、压力及酸岩反应过程中的有效接触面积等。其中，酸岩反应速率可以通过式(7-34)得到：

$$v_{\mathrm{j}}=-R_{\mathrm{rj}}C_{\mathrm{HF}}(C_{\mathrm{aj}}-C_{\mathrm{bj}}) \tag{7-34}$$

式中　v_{j}——酸岩反应速率，g/h；

R_{rj}——酸岩反应速率常数；

C_{HF}——酸浓度，g/cm^3；

C_{aj}——矿物反应后的浓度，g/cm^3；

C_{bj}——矿物反应前的浓度，g/cm^3。

矿物溶解消耗酸液的速度：

$$v_s = k_m r_m \tag{7-35}$$

式中　k_m——化学计量数。

（三）多氢酸与砂岩的反应

对于多氢酸活性酸组分的酸岩反应动力学研究方法，主要包括平衡关系近似法和集总矿物参数法等；其中平衡关系近似法所构建的酸岩反应动力学模型难以考虑包含非稳态反应的酸岩反应过程，且存在收敛程度低等问题；集总矿物参数法则是将复杂的岩石矿物简化为典型的几种矿物，通过平均反应速度来建立酸岩反应模型；Bryant 等提出的"两酸三矿物"模型较好地反映了酸岩反应过程，且与实验值具有较高的拟合度。利用多氢酸进行酸化解堵时，作用于堵塞地层的主要活性酸组分为逐级释放的氢氟酸，氢氟酸与砂岩的反应过程较为复杂。根据反应速度的快慢可将与氢氟酸发生反应的岩石矿物分为：快反应矿物（M1）和慢反应矿物（M2）；其中快反应矿物主要为砂岩储层中常见的长石、云母及胶结物黏土等；慢反应矿物则以石英砂岩为主。酸岩反应过程中，快、慢反应矿物与多氢酸的活性酸组分反应产生 H_2SiF_6；反应生成的 H_2SiF_6 可以与快反应矿物反应生成 $Si(OH)_4$，而 $Si(OH)_4$ 作为 H_2SiF_6 与快反应矿物反应的新生矿物同时参与到酸岩反应过程当中，上述酸岩反应的反应式为：

$$\begin{aligned}
&HF+M1 \rightarrow H_2SiF_6+X\\
&HF+M2 \rightarrow H_2SiF_6+Y\\
&H_2SiF_6+M1 \rightarrow SiO_2+Si(OH)_4+Z\\
&HF+Si(OH)_4 \rightarrow H_2SiF_6+H_2O
\end{aligned} \tag{7-36}$$

其中，X、Y、Z 分别代表酸岩反应过程中所产生的中间产物。假设反应过程中生成的 SiO_2 的浓度为 C_{sil}，其中反应总成分中没有被 SiO_2 沉淀所覆盖的快反应矿物的比例为：

$$\theta = 1 - C_{sil}/C_{silt} \tag{7-37}$$

式中　C_{silt}——可能会将集总矿物完全覆盖的 SiO_2 的沉没浓度。

假设一级反应过程主要依赖于 H_2SiF_6 的浓度，且集总矿物还未被 SiO_2 所覆盖，反应过程中各物质成分的溶解速度可以表示为：

$$\begin{aligned}
&\eta_{M1} = -k_1\theta(C_{M1}-C_{M10})(C_{HF}-C_{HF0})\\
&\eta_{M2} = -k_2(C_{M2}-C_{M20})(C_{HF}-C_{HF0})\\
&\eta_{H_2SiF_6} = -k_3\theta(C_{M1}-C_{M10})(C_{H_2SiF_6}-C_{H_2SiF_60})\\
&\eta_{Si(OH)_4} = -k_4(C_{Si(OH)_4}-C_{Si(OH)_40})(C_{HF}-C_{HF0})
\end{aligned} \tag{7-38}$$

式中　η——矿物成分溶解速度，g/s；

　　　k——反应速率常数。

一、水力脉冲波协同多氢酸酸化动力学模型的建立

(一)基本假设

根据物质守恒定律，建立水力脉冲波协同作用下多氢酸酸化反应动力学模型。其基本假设为：

(1)不考虑氢离子的传质扩散。

(2)不考虑储层的各向异性，且认为多氢酸体系在地层中的流动为单向径向流，流动满足达西定律。

(3)将储层岩石矿物分成几类，每一类矿物与多氢酸活性酸组分的反应都服从与其对应的酸岩反应动力学方程。

(4)注入多氢酸时地层中的碳酸盐岩成分已与前置液中的盐酸完全反应。

(5)纵向上地层孔隙中酸液浓度保持不变，同一位置的酸液浓度在孔隙中与在孔隙壁面相同。

(二)网格的划分

本书对所建立的水力脉冲波协同多氢酸酸化反应动力学模型进行求解时，采用的网格划分形式如图 7-23 所示。假设油藏的泄油半径是 R_e；所划分的微元体高度为 h。以井眼为中心划分为 N 个径向网格单元，则每个网格单元的面积可以表示为：

$$A_i=\pi(r_i^2-r_{i-1}^2)\quad r_i=ar_{i-1}\quad (i=1,\ 2,\ \cdots,\ n,\ a>1) \tag{7-39}$$

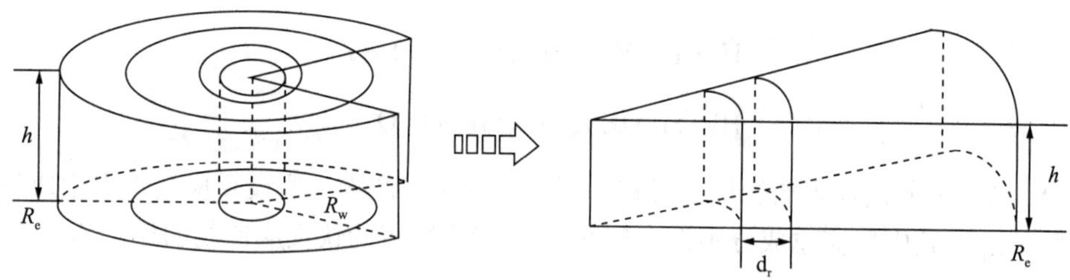

图 7-23　水力脉冲波协同酸化模型微元体的划分

(三)酸化数学模型推导

(1)单位时间内，沿径向方向流入微元体的多氢酸活性酸组分摩尔数为：

$$n_i=2h\pi rvC_{HF} \tag{7-40}$$

(2)单位时间内，沿径向方向流向微元体的多氢酸活性酸组分摩尔数为：

$$n_o=2\pi h(r+dr)\left(v+\frac{\partial v}{\partial r}dr\right)\left(C_{HF}+\frac{\partial C_{HF}}{\partial r}dr\right) \tag{7-41}$$

(3)单位时间内，微元体内由于发生反应而消耗的多氢酸活性酸组分物质的量为：

$$n_f=2h\pi rv_{HF}dr \tag{7-42}$$

(4)单位时间内，微元体内的多氢酸活性酸组分摩尔数的变化值为：

$$n_b = 2\pi rh\phi \frac{\partial C_{HF}}{\partial t}dr \tag{7-43}$$

由物质守恒定律：

$$n_b = n_i - n_o - n_r \tag{7-44}$$

整理式(7-39)~式(7-43)，并消除二阶无穷小量，得出多氢酸活性酸组分的酸化数学模型为：

$$v\frac{\partial C_{HF}}{\partial r} + \phi\frac{\partial C_{HF}}{\partial t} = -v_{HF} \tag{7-45}$$

式中 ϕ——孔隙度,%；

C_{HF}——多氢酸活性酸组分的浓度，g/cm^3；

v——脉冲酸液速度，μm/s；

v_{HF}——氢氟酸反应速度，g/h。

同上，H_2SiF_6 的公式推导过程与式(7-40)~式(7-45)的推导过程相同。

微元体内，砂岩分类里的两种矿物成分所减少的摩尔数等于消耗掉的摩尔数：

$$2hv_j\pi r dr = 2h\pi r(1-\phi)\frac{\partial C_j}{\partial t}dr \tag{7-46}$$

通过化简，得各矿物成分反应溶解的数学模型，即：

$$v_j = (1-\phi)\frac{\partial C_j}{\partial t} \tag{7-47}$$

式中 v_j——矿物发生反应的速度，g/h；

C_j——矿物成分的浓度，g/cm^3。

综合以上，多氢酸活性酸组分与砂岩在水力脉冲协同作用下的酸化数学模型为：

$$\begin{cases} v\dfrac{\partial C_{HF}}{\partial r} + \phi\dfrac{\partial C_{HF}}{\partial t} = -v_{HF} \\ -k_1\theta(C_{HF}-C_{HF0})(C_{M1}-C_{M10}) = (1-\phi)\dfrac{\partial C_{M1}}{\partial t} \\ -k_3\theta(C_{H_2SiF_6}-C_{H_2SiF_60})(C_{M1}-C_{M10}) = v\dfrac{\partial C_{H_2SiF_6}}{\partial r} + \phi\dfrac{\partial C_{H_2SiF_6}}{\partial t} \\ -k_2(C_{HF}-C_{HF0})(C_{M2}-C_{M20}) = (1-\phi)\dfrac{\partial C_{M2}}{\partial t} \\ -k_4(C_{HF}-C_{HF0})(C_{Si(OH)_4}-C_{Si(OH)_40}) = (1-\phi)\dfrac{\partial C_{Si(OH)_4}}{\partial t} \\ v = v_w - \omega A_n e^{-\beta x}\sin\left[\omega\left(t-\dfrac{x}{u}\right)+\phi_n\right] \end{cases} \tag{7-48}$$

初始条件与边界条件为：

$$\begin{cases} C_{\mathrm{j}}(r,\ 0)=C_{\mathrm{j}0},\ C_{\mathrm{i}}(r,\ 0)=0 \\ C_{\mathrm{i}}(r_{\mathrm{w}},\ t)=C_{\mathrm{i}0},\ C_{\mathrm{j}}(r_{\mathrm{w}},\ \mathrm{t})=0,\ (\mathrm{i}=\mathrm{HF},\ \mathrm{H_2SiF_6}) \\ C_{\mathrm{i}}(r>R_{\mathrm{fe}},\ t)=0,\ C_{\mathrm{j}}(r>R_{\mathrm{fe}},\ t)=C_{\mathrm{j}0}(\mathrm{j}=\mathrm{M1},\ \mathrm{M2},\ \mathrm{Si(OH)_4}) \end{cases} \tag{7-49}$$

式中 C_{ij}——矿物的初始时刻的浓度，g/cm³；

R_{fe}——酸岩酸蚀半径，cm；

C_{ii}——所用酸液的初始浓度，g/cm³。

（四）酸化后孔隙度及渗透率求解

（1）酸化后孔隙度分布计算。

采用酸化反应中各矿物浓度的体积平衡方程推得储层孔隙度的表达式如下：

$$\phi_{\mathrm{oi}}^{n+1} = \phi_{\mathrm{oi}}^{n} + (1-\phi_{\mathrm{oi}}^{n})\sum_{j=1}^{2}(C_{\mathrm{M}oji}^{n+1} - C_{\mathrm{M}ji}^{n+1})\frac{W_j}{\rho_j} - \phi_{\mathrm{oi},\ k}^{n}(C_{\mathrm{Si(OH)}_4 i}^{n+1} - C_{\mathrm{Si(OH)}_4 i}^{n})\frac{W_{\mathrm{Si(OH)}_4}}{\rho_{\mathrm{Si(OH)}_4}} \tag{7-50}$$

（2）酸化后渗透率分布计算。

Labrid 指数关系式：

$$k=k_0\left(\frac{\phi}{\phi_0}\right)^L \tag{7-51}$$

式中，$L>1$，对于 Fontainebleau 砂岩为 3。

二、水力脉冲波协同多氢酸酸化动力学模型的求解

（一）多氢酸活性酸组分酸化模型离散化

在求解多氢酸活性酸组分酸化模型时，采用 Crank-Nicolson 差分格式（C-N 差分格式）求解多氢酸活性酸组分浓度分布数值解以提高求解精度。多氢酸活性酸组分酸化模型的 Crank-Nicolson 差分格式，其中时间导数采用一阶向后差分，空间导数采用一阶中心差分：

$$\phi_{\mathrm{i}}^{n}\frac{C_{\mathrm{HF}i}^{n+1}-C_{\mathrm{HF}i}^{n}}{\Delta t_n}+v_i^n\left(\frac{C_{\mathrm{HF}i+1}^{n+1}-C_{\mathrm{HF}i-1}^{n+1}}{2(r_{i+1}-r_{i-1})}+\frac{C_{\mathrm{HF}i+1}^{n}-C_{\mathrm{HF}i-1}^{n}}{2(r_{i+1}-r_{i-1})}\right)=-v_{\mathrm{HF}i}^{n} \tag{7-52}$$

化简为：

$$A_i^n C_{\mathrm{HF}i-1}^{n+1}+B_i^n C_{\mathrm{HF}i}^{n+1}+C_i^n C_{\mathrm{HF}i+1}^{n+1}=D_i^n \tag{7-53}$$

其中：

$$A_i^n=-\frac{v_i^n}{2(r_{i+1}-r_{i-1})}$$

$$B_i^n=\frac{\phi_i^n}{\Delta t_n}$$

$$C_i^n=-A_i^n$$

$$D_i^n=\frac{\phi_i^n}{\Delta t_n}C_{\text{HF}i}^n-\frac{v_i^n(C_{\text{HF}i+1}^n-C_{\text{HF}i-1}^n)}{2(r_{i+1}-r_{i-1})}-v_{\text{HF}i}^n$$

进一步可得到多氢酸活性酸组分浓度 Crank-Nicolson 的数值模型，即：

$$\begin{cases}A_i^nC_{\text{HF}i-1}^{n+1}+B_i^nC_{\text{HF}i}^{n+1}+C_i^nC_{\text{HF}i+1}^{n+1}=D_i^n\\ C_{\text{HF}i}^0=0 \quad \text{（边界条件）}\\ C_{\text{HF}0}^{n+1}=C_{\text{HF}0} \quad \text{（内边界条件）}\\ C_{\text{HF}N}^{n+1}=0 \quad \text{（外边界条件）}\\ C_{\text{HF}i>N}^{n+1}=0 \quad (i=1,\ 2,\ \cdots,\ N;\ n=0,\ 1,\ 2\cdots)\end{cases} \tag{7-54}$$

将式(7-54)写成矩阵的形式，即：

$$\begin{bmatrix}B_1^n & C_1^n & & & \\ A_2^n & B_2^n & C_2^n & & \\ \cdots & \cdots & \cdots & \cdots & \cdots \\ & A_i^n & B_i^n & C_i^n & \\ \cdots & \cdots & \cdots & \cdots & \cdots \\ & & & A_{N-1}^n & B_{N-1}^n\end{bmatrix}\begin{bmatrix}C_{\text{HF}1}^{n+1}\\ C_{\text{HF}2}^{n+1}\\ \cdots \\ C_{\text{HF}i}^{n+1}\\ \cdots \\ C_{\text{HF}N-1}^{n+1}\end{bmatrix}=\begin{bmatrix}D_1^n-A_1^nC_{\text{HF}0}\\ D_2^n\\ \cdots \\ D_i^n\\ \cdots \\ D_{N-1}^n\end{bmatrix} \tag{7-55}$$

上面的三对角矩阵即为多氢酸活性酸组分浓度的求解矩阵，求解时采用追赶法。

(二)H_2SiF_6 酸化模型离散化

同理，H_2SiF_6 浓度分布数值解如下：

$$\phi_i^n\frac{C_{\text{H}_2\text{SiF}_6i}^{n+1}-C_{\text{H}_2\text{SiF}_6i}^n}{\Delta t_n}+v_i^n\left[\frac{C_{\text{H}_2\text{SiF}_6i+1}^{n+1}-C_{\text{H}_2\text{SiF}_6i-1}^{n+1}}{2(r_{i+1}-r_{i-1})}+\frac{C_{\text{H}_2\text{SiF}_6i+1}^n-C_{\text{H}_2\text{SiF}_6i-1}^n}{2(r_{i+1}-r_{i-1})}\right] \tag{7-56}$$

$$=-\lambda_3(C_{\text{H}_2\text{SiF}_6i}^n-C_{\text{H}_2\text{SiF}_6i0})(C_{\text{M}1i}^n-C_{\text{M}10})\theta$$

化简为：

$$M_i^nC_{\text{H}_2\text{SiF}_6i-1}^{n+1}+N_i^nC_{\text{H}_2\text{SiF}_6i}^{n+1}+G_i^nC_{\text{H}_2\text{SiF}_6i+1}^{n+1}=W_i^n \tag{7-57}$$

其中：

$$M_i^n=-\frac{v_i^n}{2(r_{i+1}-r_{i-1})}$$

$$N_i^n=\frac{\phi_i^n}{\Delta t_n}$$

$$G_i^n=-M_i^n$$

$$W_i^n=C_{\text{H}_2\text{SiF}_6i}^n\frac{\phi_i^n}{\Delta t_n}-\frac{v_i^n}{2(r_{i+1}-r_{i-1})}(C_{\text{H}_2\text{SiF}_6i+1}^n-C_{\text{H}_2\text{SiF}_6i-1}^n)-\lambda_3(C_{\text{H}_2\text{SiF}_6i}^n-C_{\text{H}_2\text{SiF}_60})(C_{\text{M}1i}^n-C_{\text{M}10})\theta$$

进一步可得到 H_2SiF_6 浓度 Crank-Nicolson 的数值模型，即：

$$\begin{cases} M_i^n C_{H_2SiF_6 i-1}^{n+1} + N_i^n C_{H_2SiF_6 i}^{n+1} + G_i^n C_{H_2SiF_6 i+1}^{n+1} = W_i^n \\ C_{H_2SiF_6 i}^{0} = 0(\text{边界条件}) \\ C_{H_2SiF_6 0}^{n+1} = C_{H_2SiF_6 0}(\text{内边界条件}) \\ C_{H_2SiF_6 N}^{n+1} = 0(\text{外边界条件}) \\ C_{H_2SiF_6 i>N}^{n+1} = 0(i=1,\ 2,\ \cdots,\ N;\ n=0,\ 1,\ 2\cdots) \end{cases} \tag{7-58}$$

（三）矿物成分溶解模型离散化

$$\begin{cases} (1-\phi_i^n)\dfrac{C_{M1i}^{n+1}-C_{M1i}^{n}}{\Delta t_n} = -k_1(C_{HFi}^n - C_{HF0})(C_{M1i}^n - C_{M10})\theta \\ (1-\phi_i^n)\dfrac{C_{M2i}^{n+1}-C_{M2i}^{n}}{\Delta t_n} = -k_2(C_{HFi}^n - C_{HF0})(C_{M2i}^n - C_{M20}) \\ (1-\phi_i^n)\dfrac{C_{Si(OH)_4 i}^{n+1}-C_{Si(OH)_4 i}^{n}}{\Delta t_n} = -k_4(C_{HFi}^n - C_{HF0})(C_{Si(OH)_4 i}^n - C_{Si(OH)_4 0}) \\ C_{ji}^0 = C_{0j} \\ C_{j1}^{n+1} = 0 \\ C_{jK}^{n+1} = C_{0j} \\ j = M1,\ M2,\ Si(OH)_4 \end{cases} \tag{7-59}$$

此外，也可以用矩阵法求解浓度方程。

对于矿物 M1 的求法：

$$(1-\phi_i^n)\frac{C_{M1i}^{n+1}-C_{M1i}^{n}}{\Delta t_n} = -k_1(C_{HFi}^n - C_{HF0})(C_{M1i}^n - C_{M10})\theta \tag{7-60}$$

化简格式：

$$C_{M1i}^{n+1} = \frac{-k_1(C_{HFi}^n - C_{HF0})(C_{M1i}^n - C_{M10})\theta\Delta t_n}{1-\phi_i^n} + C_{M1i}^n \tag{7-61}$$

对于矿物 M2 的求法：

$$(1-\phi_i^n)\frac{C_{M2i}^{n+1}-C_{M2i}^{n}}{\Delta t_n} = -k_2(C_{HFi}^n - C_{HF0})(C_{M2i}^n - C_{M20}) \tag{7-62}$$

化简格式：

$$C_{M2i}^{n+1} = \frac{-k_2(C_{HFi}^n - C_{HF0})(C_{M2i}^n - C_{M20})\Delta t_n}{1-\phi_i^n} + C_{M2i}^n \tag{7-63}$$

对于矿物 $Si(OH)_4$ 的求法：

$$(1-\phi_i^n)\frac{C_{Si(OH)_4 i}^{n+1}-C_{Si(OH)_4 i}^{n}}{\Delta t_n} = -k_3(C_{HFi}^n - C_{HF0})(C_{Si(OH)_4 i}^n - C_{Si(OH)_4 0}) \tag{7-64}$$

化简格式：

$$C_{Si(OH)_4 i}^{n+1} = \frac{-k_3(C_{HFi}^n - C_{HF0})(C_{Si(OH)_4 i}^n - C_{Si(OH)_4 0})\Delta t_n}{1-\phi_i^n} + C_{Si(OH)_4 i}^n \tag{7-65}$$

(四)酸化后孔隙度分布计算

采用矿物浓度的体积平衡方程可以推得孔隙度方程的离散化求解为：

$$\phi_i^{n+1} = \phi_i^n + (1 - \phi_i^n)\sum_{j=1}^{2}(C_{Mji}^n - C_{Mji}^{n+1})\frac{W_j}{\rho_j} - \phi_i^n(C_{Si(OH)_4i}^{n+1} - C_{Si(OH)_4i}^n)\frac{W_{Si(OH)_4}}{\rho_{Si(OH)_4}} \tag{7-66}$$

(五)酸化后渗透率分布计算

$$k = k_0\left(\frac{\phi}{\phi_0}\right)^L \quad (L = 3) \tag{7-67}$$

三、水力脉冲波协同多氢酸酸化动力学模型的实例计算

(一)模型求解基本流程

(1)确定水力脉冲波协同作用下酸液在地层中的流速。

(2)选取合适的水力脉冲波的振幅、频率、相位，计算脉冲流速 v。

(3)确定初始的孔隙度及其他相关基础参数，见地层参数初始数据表 7-2。

(4)确定初始条件和边界条件。

(5)根据前述可确定时间节点 $n=0$ 时的酸液浓度及孔隙度，利用多氢酸活性酸组分浓度差分方程，求解 $n=1$ 时刻的多氢酸活性酸组分浓度随位置节点 i 的分布；同理利用其他矿物及多氢酸活性酸组分差分方程求出 $n=1$ 时刻的矿物 M1、M2 及 $Si(OH)_4$、H_2SiF_6的浓度随位置节点 i 的分布。

(6)利用所求解出的矿物浓度分布，重新计算 $n=1$ 时刻的孔隙度及渗透率。

(7)重复第(4)、(5)步骤，计算至 $n=N$ 时刻，得到酸液及矿物浓度随空间位置及时间的分布。

模型运行结果均采用无因次浓度(酸及矿物浓度)及无因次倍数(孔隙度及渗透率)形式，对于多氢酸活性酸组分、快反应矿物 M1 及慢反应矿物 M2 均为地层实际浓度与初始浓度的比值；对于氟硅酸及 $Si(OH)_4$为实际浓度与最大质量浓度的比值；孔隙度及渗透率为实际数值与初始数值的比值。

本章节模型实例求解计算基础参数见表 7-2 和表 7-3，模型计算流程图如图 7-24 所示，利用 Matlab 软件对离散数值模型进行编程，得到水力脉冲波协同作用下的多氢酸活性酸组分酸化模型数值解，同时对模型进行敏感性分析。

表 7-2 酸及矿物基础参数

物质名称	初始浓度/(mol/cm^3)	平均密度/(kg/m^3)	分子量	化学反应常数	化学计量数
快反应矿物 M1	0.38	2500	270	2.55	8
慢反应矿物 M2	0.62	2650	60	0.93	4
$Si(OH)_4$	0.035	2100	96	0.63	6

续表

物质名称	初始浓度/(mol/cm³)	平均密度/(kg/m³)	分子量	化学反应常数	化学计量数
HF	1.05	—	—	—	—
H_2SiF_6	0.2	—	—	1.12	—

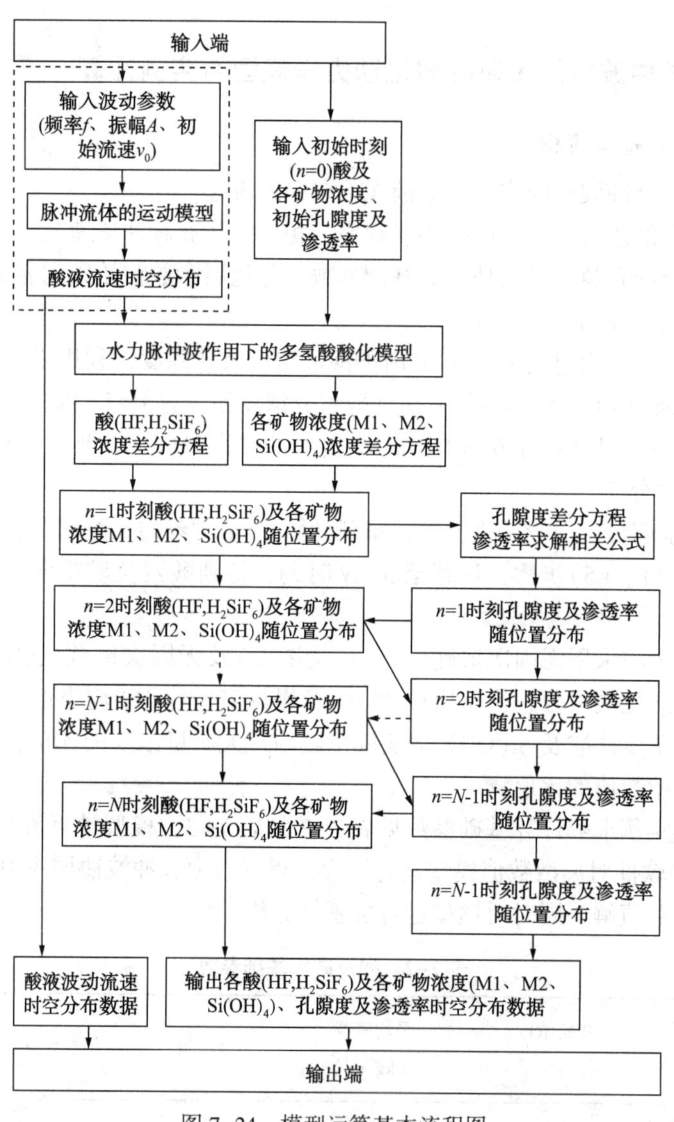

图 7-24　模型运算基本流程图

表 7-3　地层及水力脉冲波基础参数表

物理量	数值
初始流速/(cm/s)	0.3
频率/(rad/s)	5
振幅/m	0.03
振动相位/rad	1
衰减系数	0.01
原始孔隙度	0.30
地层损害孔隙度	0.12
原始渗透率/$10^{-3}\mu m^2$	510
地层损害渗透率/$10^{-3}\mu m^2$	187

(二)模型求解结果

(1)水力脉冲波条件下的地层流体质点流速时空分布。

图 7-25 和图 7-26 是水力脉冲波频率 f_p 为 9Hz，振幅 A_n 为 0.03m 条件下的流速随时间和距离的分布图，可以发现不同位置处的酸液流速随时间变化呈正弦函数规律变化。

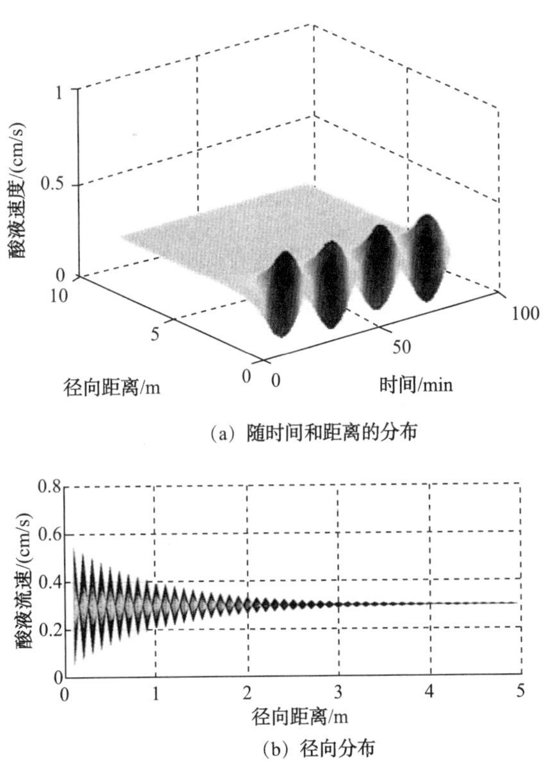

图 7-25　水力脉冲波作用下的酸液速度的三维分布(f_p=9Hz，A_n=0.03m)

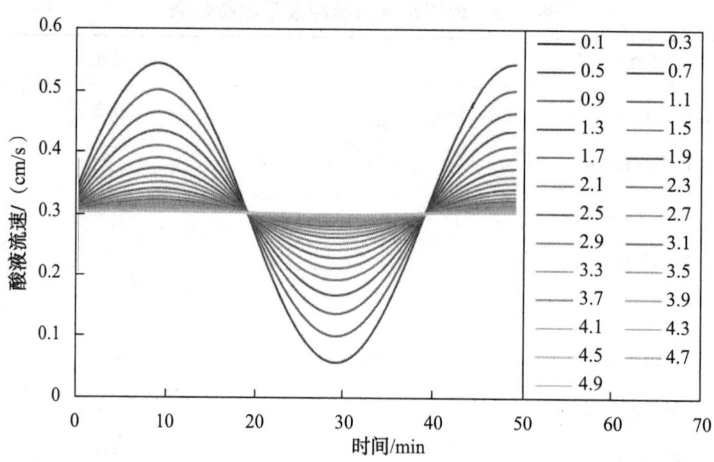

图 7-26 水力脉冲波作用下的酸液速度随时间的变化

图 7-27 和图 7-28 是水力脉冲波频率 f_p 为 5Hz，振幅 A_n 为 0.03m 条件下的流速随时间和距离的分布图。

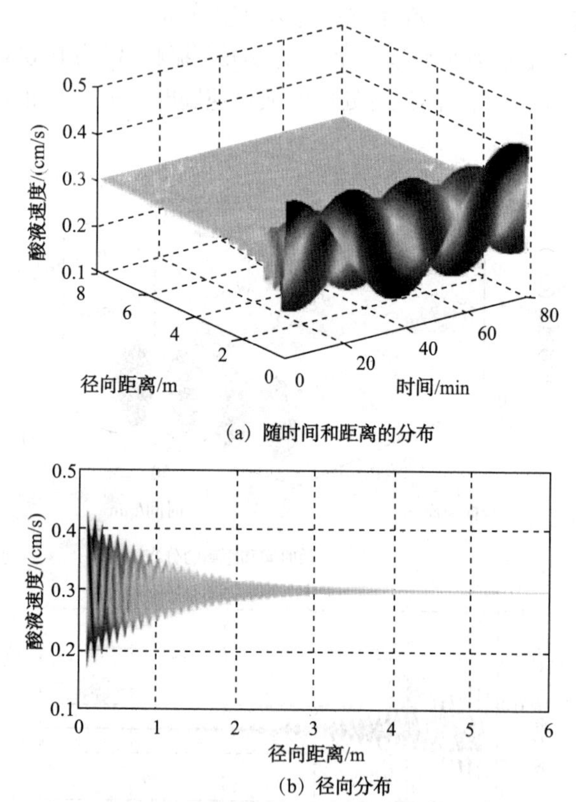

图 7-27 水力脉冲波作用下的酸液速度的三维分布(f_p = 5Hz，A_n = 0.03m)

由于水力脉冲波在传播过程中是采用连续多脉冲形式的多列叠加波，酸液的流速随时间的分布呈简谐波的形式；同时水力脉冲波在传播过程中受到岩石骨架和孔隙中流体的能量吸收，以及流体脉动渗流过程的作用，故在径向传播过程中受到衰减作用的影响，因此

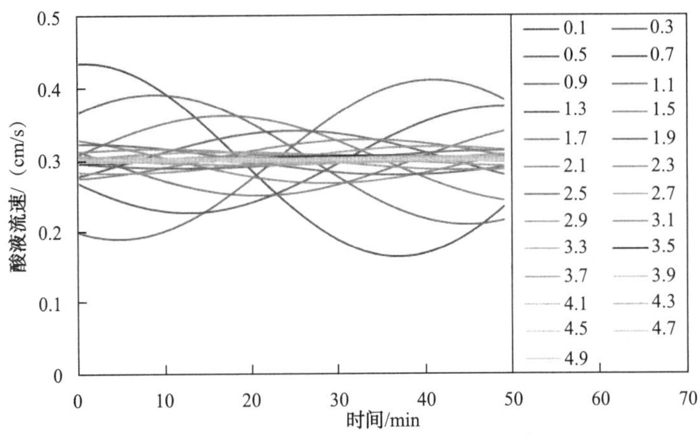

图 7-28　水力脉冲波作用下的酸液速度随时间的变化($f_p=5$Hz，$A_n=0.03$m)

波动条件下酸液速度随径向距离的增大而不断衰减。径向距离越近，水力脉冲波作用越明显。

(2)各酸及矿物浓度分布。

由图 7-29 和图 7-30 可知，水力脉冲波协同作用增加了酸化的有效作用距离和时间；当酸化时间及径向距离相同时，水力脉冲波协同作用下的活性酸组分浓度高于非波动条件下的活性酸组分浓度；当酸化时间为 50min 时，非波动条件下活性酸组分的无因次浓度为 0，而波动条件下的活性酸组分仍在参与酸岩反应过程，且有效作用距离为 1.5m。由于快反应矿物(黏土、长石及云母等)的反应活化能比慢反应矿物(石英)的反应活化能高一个数量级，且快反应矿物可以同时与多氢酸活性酸组分和 H_2SiF_6 发生酸化溶蚀反应，因此相对于石英、黏土及长石等的反应速度更快，反应程度相对较大，而近井区域的渗透率及孔隙度的改善主要依赖于酸液对黏土类快反应矿物的溶蚀。波动条件下参与酸化反应的快反应矿物的浓度要明显高于非波动条件下快反应矿物的浓度。对比发现，慢反应矿物的变化趋势与快反应矿物相似，且水力脉冲波协同作用使岩石矿物更多地参与到酸岩反应过程中，有利于提高近井地带堵塞物的酸化反应效果。

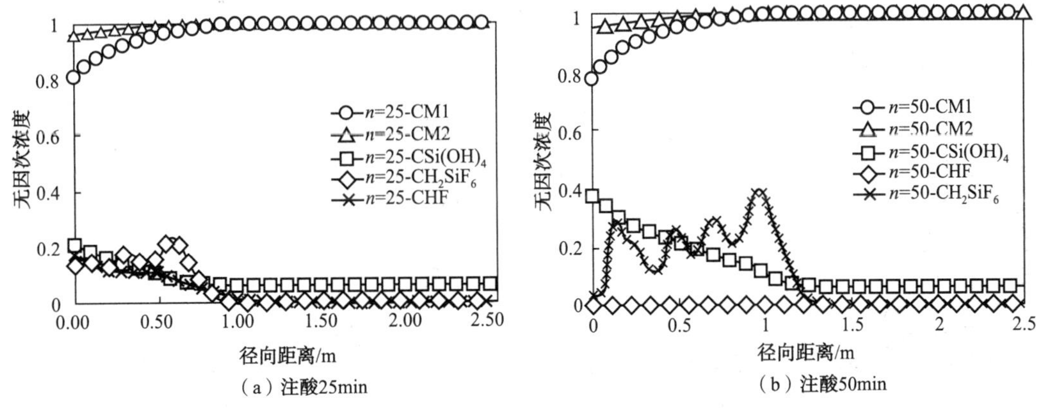

(a) 注酸25min　　(b) 注酸50min

图 7-29　无脉冲协同作用地层中酸及矿物浓度分布

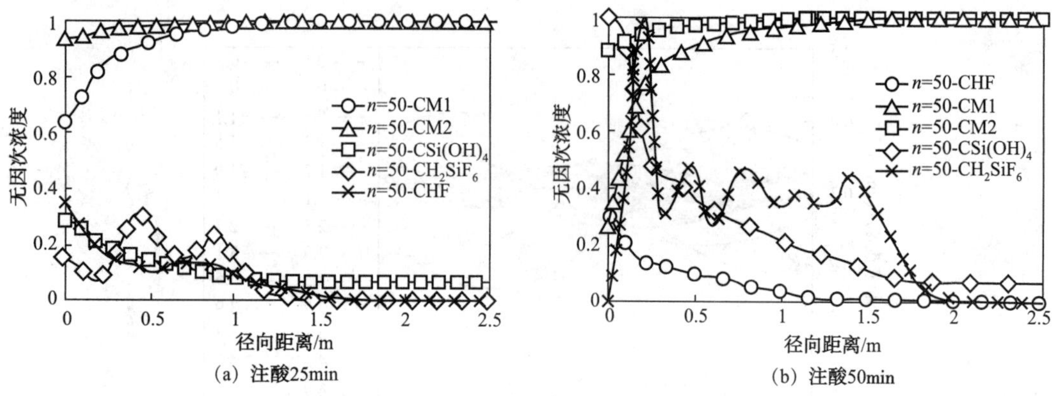

图 7-30 水力脉冲波协同作用地层中酸及矿物浓度分布

由于 H_2SiF_6是协同酸化过程中的中间产物，其浓度一方面受多氢酸活性酸组分与矿物的反应速率影响，另一方面又受其本身与酸液反应速率的影响，水力脉冲协同作用下生成的 H_2SiF_6的无因次浓度平均值要比非波动条件下高，酸化时间为 50min 时，波动协同作用下 H_2SiF_6的峰值浓度出现在 0. 19m；而酸液单纯作用时，其峰值浓度则出现在 1m。波动作用加强了多氢酸活性酸组分与快慢反应矿物的反应强度，从而使 H_2SiF_6生成量增大。而 H_2SiF_6与快反应矿物的反应速率常数要低于其与多氢酸活性酸组分的反应速率常数，最终导致 H_2SiF_6的生成量与消耗量之差相对较大。波动协同作用下 $Si(OH)_4$沉淀在越靠近井底位置的无因次浓度要高于无波条件下的无因次浓度，分析认为由于波动作用下的酸化反应过程中 H_2SiF_6的生成总量较高，且波动作用对 H_2SiF_6与快反应矿物之间的酸化反应具有促进作用，最终使得 $Si(OH)_4$的生成量增加，因此在酸化过程中适时返排措施有利于提高解堵效果。

(3)多氢酸活性酸组分浓度变化。

对比多氢酸活性酸组分在波动条件和无波条件下的无因次浓度随距离的变化，由图 7-31 可知，当酸化时间及径向距离相同时，波动下的多氢酸活性酸组分浓度要高于非波动条件下的酸浓度，当酸化时间为 50min 时，非波动条件下的多氢酸活性酸组分浓度为 0，即反应完全；而波动条件下的多氢酸活性酸组分仍在参与酸化反应；容易发现无波条件下的多氢酸活性酸组分有效作用距离在 1m 左右，波动条件下有效作用距离为 1. 5m；由此表明，水力脉冲波波动作用提高了酸液流速，延长了酸的有效作用距离和酸化反应时间，有利于提高近井地带酸化效果。

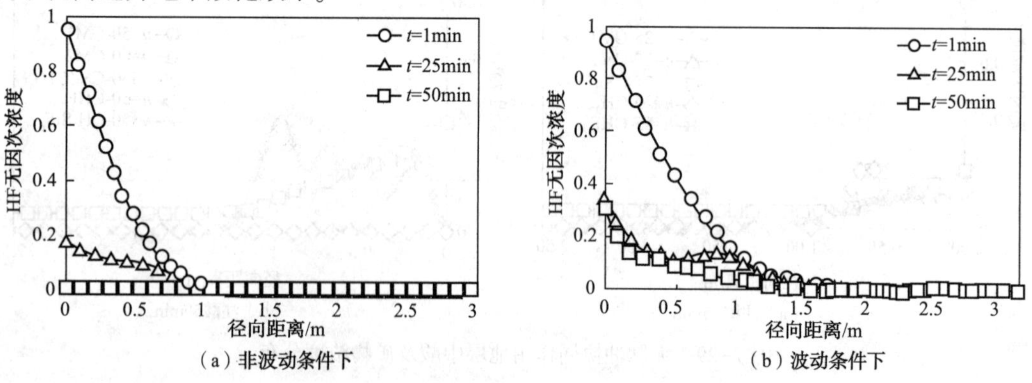

图 7-31 不同反应时间多氢酸活性酸组分无因次浓度随距离变化

(4)快慢反应矿物浓度变化。

对比快反应矿物 M1 在波动条件和无波条件下的无因次浓度随距离的变化，由图 7-32 可知，当酸化时间及径向距离相同时，波动条件下，参与酸化反应的 M1 浓度要高于无波条件下的 M1 矿物浓度，25~50min 波动条件下的酸化反应在继续，M1 浓度变化较明显；而无波条件下 M1 浓度变化较小，由此表明波动作用总体延长了酸化反应的时间，增强了酸岩反应的程度。

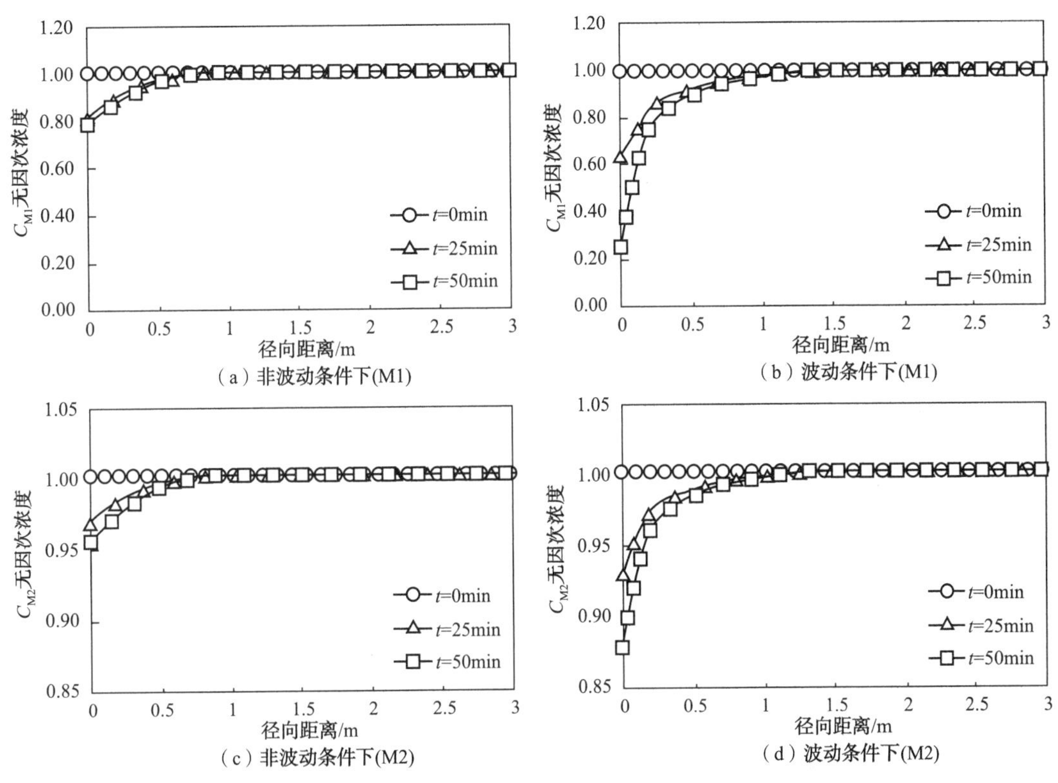

图 7-32　不同时间矿物无因次浓度随径向距离的变化

同理，对比慢反应矿物 M2 在波动条件和无波条件下的无因次浓度随距离的变化，其变化趋势与 M1 相似，不同之处在于快反应矿物的曲线斜率大，参与反应的无因次浓度大，由于快反应矿物(黏土、长石及云母等)反应活化能高于慢反应矿物(石英)一个数量级，且快反应矿物可以同时与多氢酸活性酸组分和 H_2SiF_6 发生酸化溶蚀反应，因此相对于石英、黏土及长石等的反应速度更快，反应程度相对较大，近井地带的渗透率及孔隙度的改善主要依赖于酸液对黏土类的快反应矿物的溶蚀。

(5)氟硅酸浓度变化。

氟硅酸在整个酸岩反应过程中处于不断产生又不断消耗的状态，由图 7-33 中的无因次浓度实际上是 H_2SiF_6 的生成量与消耗量之差，无因次浓度曲线呈上下波动起伏形态，且波动条件下产生的 H_2SiF_6 无因次浓度平均值要比无波条件下高。分析原因是波动作用加强了多氢酸活性酸组分与快慢反应矿物 M1、M2 的酸化反应强度，从而 H_2SiF_6 生成量急剧增大，而 H_2SiF_6 仅与快反应矿物 M1 发生反应，H_2SiF_6 的反应速率常数要低于多氢酸活性酸组分与 M1 的反应速率常数，最终导致 H_2SiF_6 的生成量与消耗量之差相对较高。

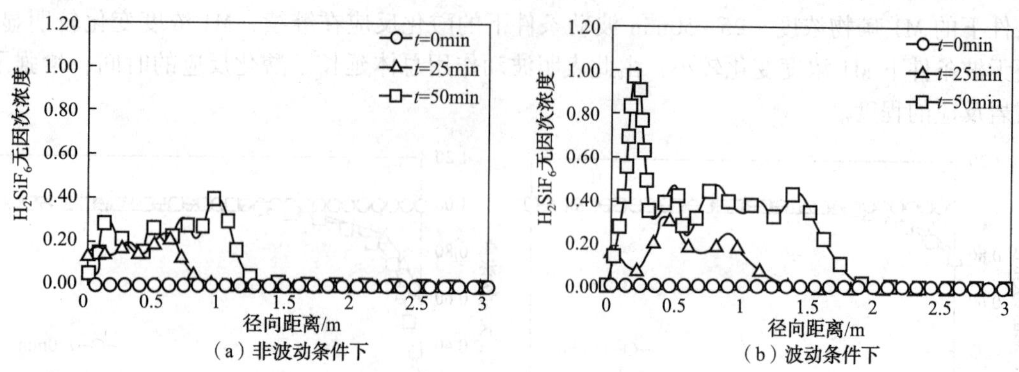

（a）非波动条件下　（b）波动条件下

图 7-33　不同时间 H_2SiF_6 无因次浓度随径向距离的变化

（6）$Si(OH)_4$ 浓度变化。

对比 $Si(OH)_4$ 沉淀在波动条件和无波条件下的无因次浓度随距离的变化，由图 7-34 可知，波动条件下 $Si(OH)_4$ 沉淀在靠近井底越近的位置其无因次浓度较无波条件下数值要高，分析原因是波动作用下的酸化反应过程中 H_2SiF_6 的生成总量较高，且波动作用对 H_2SiF_6 与 M1 之间的酸化反应具有促进作用，最终使得硅胶 $Si(OH)_4$ 沉淀的生成量增加，因此在酸化过程中的适时的返排措施有利于提高解堵效果。

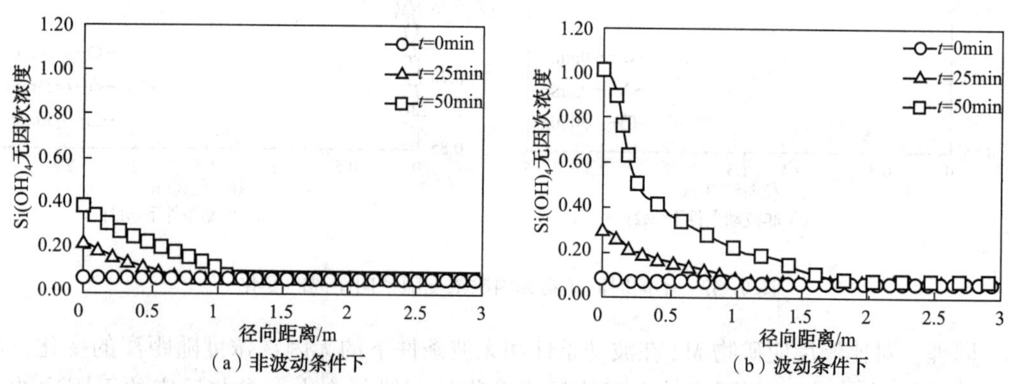

（a）非波动条件下　（b）波动条件下

图 7-34　不同时间 $Si(OH)_4$ 沉淀无因次浓度随径向距离的变化曲线

（7）孔隙度变化。

图 7-35 是孔隙度的无因次倍数（实际孔隙度与初始孔隙度之比值）曲线，对比可知，波动条件下在酸化时间为 50min 时，孔隙度增加最大百分比为 18.54%；而无波条件下孔隙度增加最大百分比仅为 5.46%，波动作用提高了 13 个百分点。经数据平均统计计算，水力脉冲波相对提高孔隙度酸化效果 5%～8%左右。

图 7-36 是无因次孔隙度在不同位置随酸化时间的变化曲线。由图 7-36 可知，波动条件下的孔隙度在酸化时间为 20min 以后呈上升趋势，而无波条件下无因次孔隙度则在 20min 后为平缓不变趋势，同时波动条件下的无因次孔隙度在相同位置及时间时，明显高于无波条件下的无因次孔隙度，经过前述分析波动作用在近井地带一定程度上促使酸化反

应更加均匀，减缓了酸化反应的局部强度，延长了反应时间，使得整个酸化溶蚀反应过程进行得更加彻底，从而有效提高酸化效果。

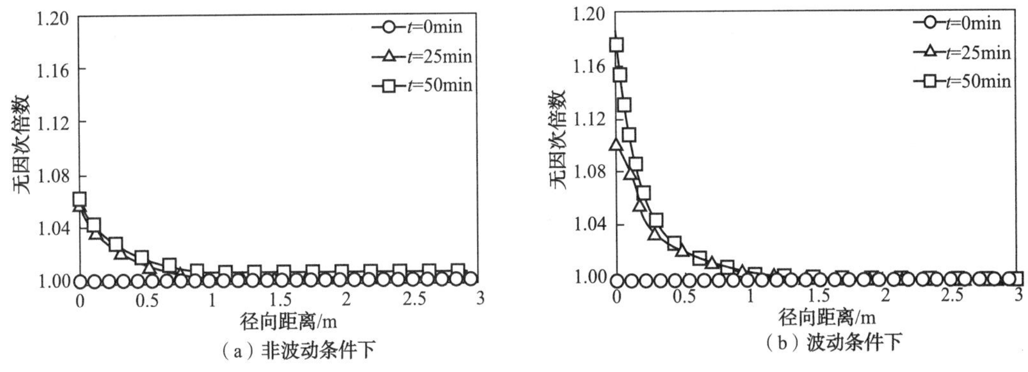

图 7-35　不同时间无因次孔隙度随径向距离的变化曲线

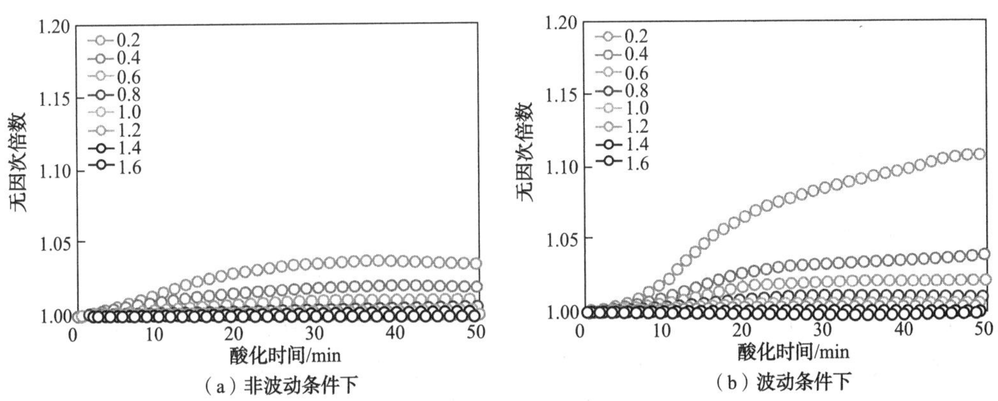

图 7-36　不同位置无因次孔隙度随酸化时间的变化曲线

（8）渗透率变化。

从不同条件下无因次渗透率随时间和距离的变化（图 7-37 和图 7-38）可知，水力脉冲波协同作用下，渗透率增加最大百分比为 66.6%；而无波条件下的渗透率增加最大百分比

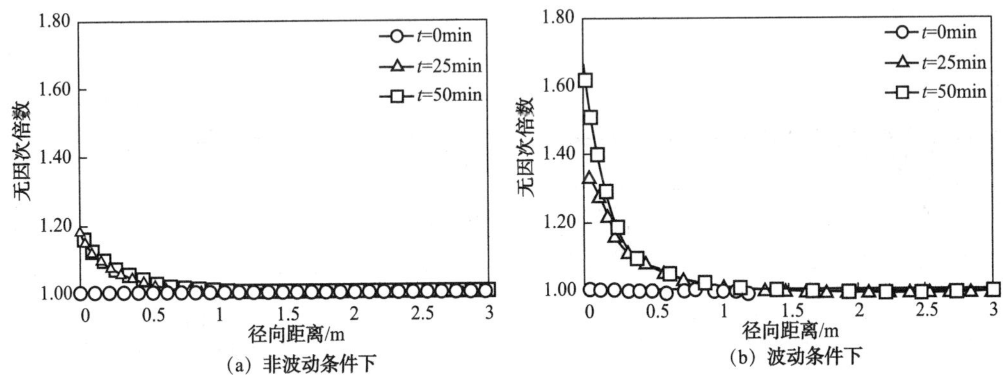

图 7-37　下不同时间无因次渗透率随径向距离的变化曲线

为 17. 3%。同时水力脉冲波协同作用下的无因次渗透率在酸化时间为 20min 以后仍呈上升趋势，而无波条件下无因次渗透率则在 20min 后基本保持不变，协同作用下无因次渗透率在相同位置及时间时明显高于无波条件下的无因次渗透率，水力脉冲波的协同作用改善了多级释放活性酸组分的酸化反应局部强度，强化了多氢酸的缓释效果，有效增加了酸化的距离和时间，使整个酸化反应过程进行得更加彻底，提高了整体的酸化效果。

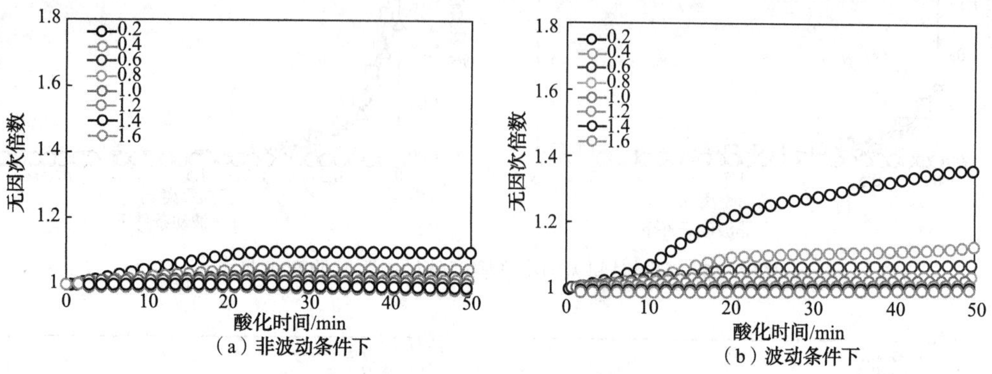

（a）非波动条件下　（b）波动条件下

图 7-38　无波条件下不同距离无因次渗透率随酸化时间的变化曲线

四、参数敏感性分析

(一) 酸液流速

由图 7-39 可知，在近井区域，水力脉冲波的振幅对酸液流速的影响较为明显。当频率相同时，振幅不断增大，协同作用下酸液流速在径向上的差异更加明显，同时局部反应强度差异也受振幅的增加不断增大。而随着径向距离的增加，振幅对酸液的影响减弱，当径向距离大于 3m 时，酸液流速受波动协同作用的影响较小。频率对促进酸液径向作用距离的影响与振幅相类似，但是由于改变了水力脉冲波的周期，在高频条件下，酸液流速在径向上的变化距离也随之变短，高频脉冲波提高了酸液流速径向差异的同时，缩短了各周期酸液流速的变化距离，较大程度地改善了酸液的局部反应强度。

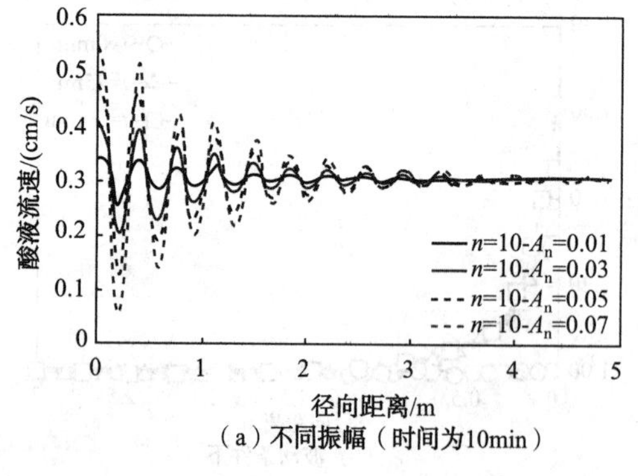

（a）不同振幅（时间为10min）

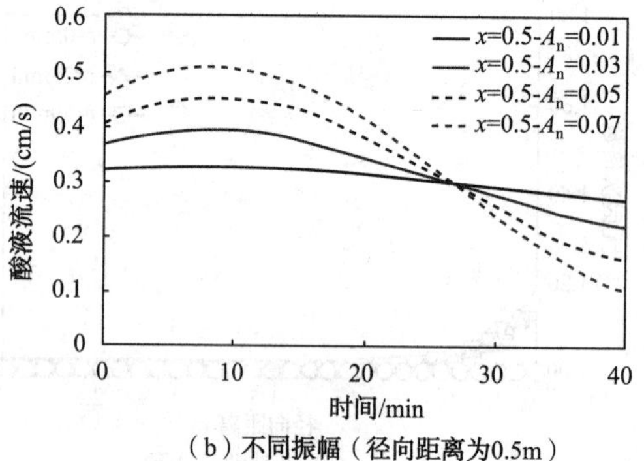

（b）不同振幅（径向距离为0.5m）

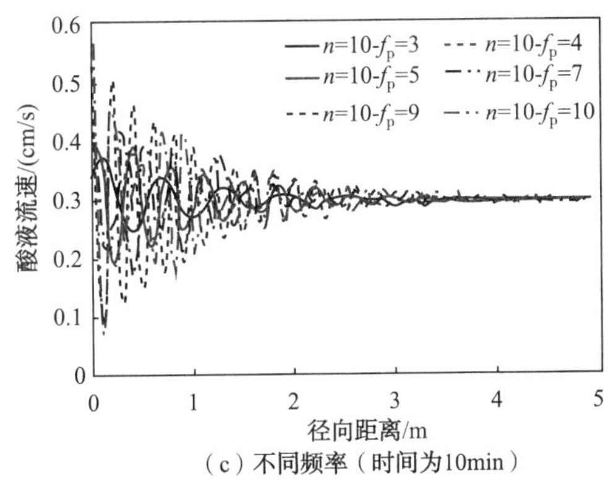

（c）不同频率（时间为10min）

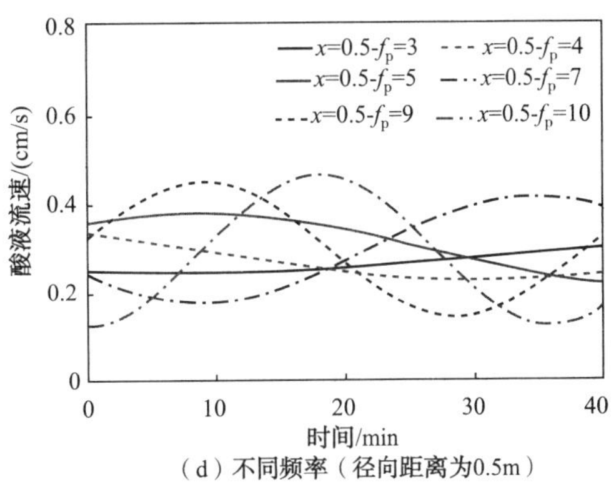

（d）不同频率（径向距离为0.5m）

图 7-39　不同波动参数下的酸液流速的变化曲线(续)

(二)孔隙度和渗透率

由图 7-40 和图 7-41 可知，水力脉冲波的振幅和频率对协同解堵作用后的储层渗透率影响差异较大，其中随着振幅的不断增大。协同作用对渗透率的改善效果呈先增强、后逐渐减弱的趋势。振幅越大，局部反应强度的差异越大，而局部反应强度的差异直接影响到相邻位置的解堵效果，因此振幅的最优值并不是越大越好。同时，随着频率的增大，渗透率的增大倍数在 5Hz 时出现最大值；随着频率的继续增大，渗透率在径向上的改善效果逐渐降低；当频率为 10Hz 时，渗透率的增大倍数随径向距离呈现不稳定衰减，主要是由于在高频作用时，水力脉冲波的协同作用在提高酸液流速径向传播差异的同时缩短了各周期酸液流速的变化距离，使得高频脉冲作用时，近井区域的局部反应强度受到强化，降低了协同作用的效果。

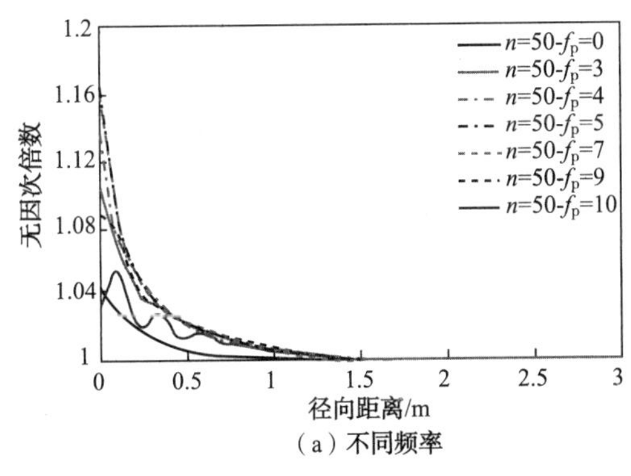

（a）不同频率

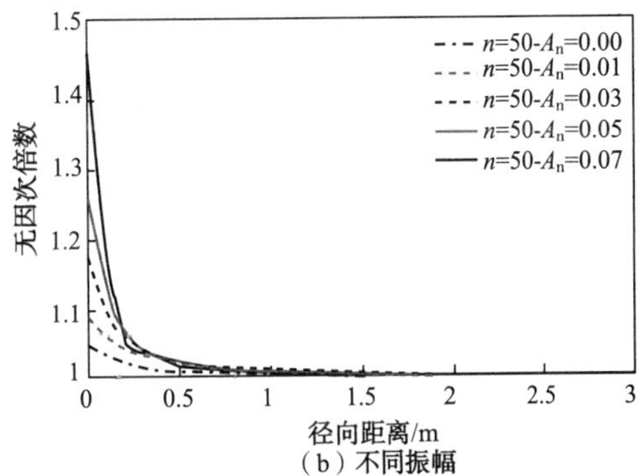

（b）不同振幅

图 7-40　不同波动参数下无因次孔隙度随地层径向距离分布变化曲线(酸化时间为 50min)

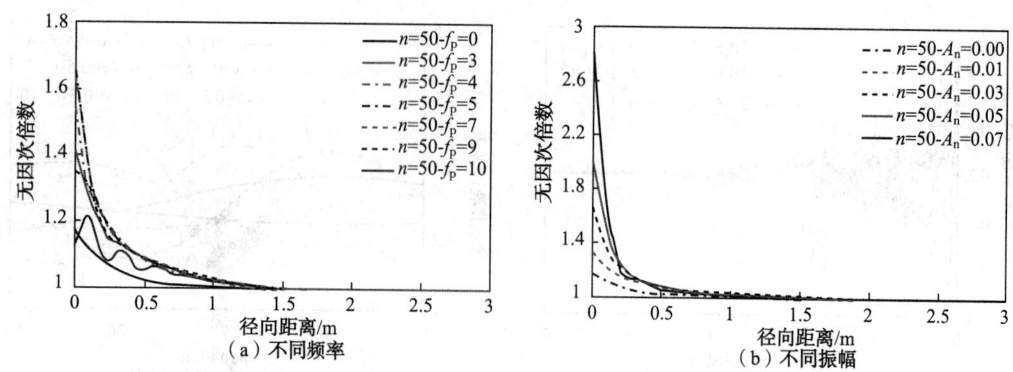

（a）不同频率　（b）不同振幅

图 7-41　不同波动参数下无因次渗透率随地层径向距离分布变化曲线（酸化时间为 50min）

第三节　本章小结

（1）基于水力脉冲波对岩石流体物性的作用机理研究，在酸岩反应模型的基础上，建立了水力脉冲波条件下盐酸的无机解堵动力学模型和水力脉冲波条件下多氢酸无机解堵的动力学模型，进行了数值模型实例计算和主要指标的参数敏感性分析，为水力脉冲波协同化学无机解堵的现场应用提供一定的理论依据。

（2）水力脉冲波协同多氢酸酸化改善了酸液及各类矿物的分布，促进更多的岩石矿物参与到酸岩反应过程中；合理的解堵参数增加了酸化的有效作用距离和时间，提高了整体协同作用效果。

（3）在水力脉冲波协同盐酸解堵过程中，波动时间为 15min 时，最小流速接近于 0。如果时间进一步增加，流速会小于 0，从而出现倒流现象，所以在水力脉冲波施工时，要采用间歇式波动方式；波动条件下的酸化体系浓度较高，消耗较少，有利于深部酸化解堵。

（4）在水力脉冲波协同多氢酸解堵过程中，高频作用在提高酸液流速径向传播差异的同时，缩短了各周期酸液流速的变化距离，使得近井区域的局部反应强度得到强化，降低了协同作用的效果；同时协同作用下次生矿物 $Si(OH)_4$ 在靠近井底的位置无因次浓度比无波条件下数值要高，因此在酸化过程中采取适时返排措施可提高解堵效果。

第八章　水力脉冲波协同解吸剂沥青质解堵动力学

储层岩石矿物的敏感性伤害会极大程度地影响该类油藏的正常开发，同时由于生产作业过程中储层温度场、压力场和储层流体性质的变化，极易引发原油中的沥青质等重质组分沉积而进一步加剧储层伤害。储层中的岩石矿物具有较强的吸附性能能够使沉积在储层孔隙中的沥青质吸附在多种岩石矿物的表面而影响储层的渗透性和润湿性能。水力脉冲波协同有机解堵剂作为一种新型的有机堵塞物解堵手段，有效地提高了单纯有机解堵剂的作用效果，同时进一步拓展了物理法解堵技术的应用前景。为提高该项技术的应用效果，本章首先对水力脉冲波协同作用下有机解吸剂的解堵参数进行了优化，为探究水力脉冲波协同有机解吸剂的协同解堵机理，利用不同岩石矿物作为沥青质吸附的样本，研究了水力脉冲波与有机解堵剂协同作用下的沥青质吸附-解吸动力学，以及水力脉冲波作用下对有机解吸剂的扩散性能的影响机制。

第一节　水力脉冲波协同作用下的沥青质解堵参数优化

由于本节主要是水力脉冲波对沥青质的吸附-解吸动力学进行研究，在开展室内水力脉冲波条件下的沥青质吸附-解吸实验的基础上，对沥青质在岩石矿物表面的吸附-解吸动力学特征进行考察，同时建立相关的动力学方程，定量化地解释了沥青质的吸附-解吸动力学规律，对比水力脉冲波对沥青质解吸的效果，分析水力脉冲波作用对有机解堵的影响机制。

一、实验部分

(一) 实验材料

原油提取的沥青质；甲苯、正庚烷为分析纯；石英砂(60 目、100 目)，典型黏土矿物(200 目蒙脱石、伊利石、高岭石和绿泥石)购自国家标准物质网，有机解吸剂为十二烷基苯磺酸。

(二) 实验仪器

波场采油多功能动态模拟系统、水力脉冲波发生器、岩心驱替实验装备、HDM 型数显恒温磁力搅拌电热套(江苏省金坛市金城国胜实验仪器厂)、抽提器、723 可见分光光度计(上海菁华科技仪器有限公司)、电子天平、蒸发皿、锥形瓶、秒表等(图 8-1~图8-5)。

图 8-1 波场采油多功能动态模拟系统

图 8-2 水力脉冲波发生器

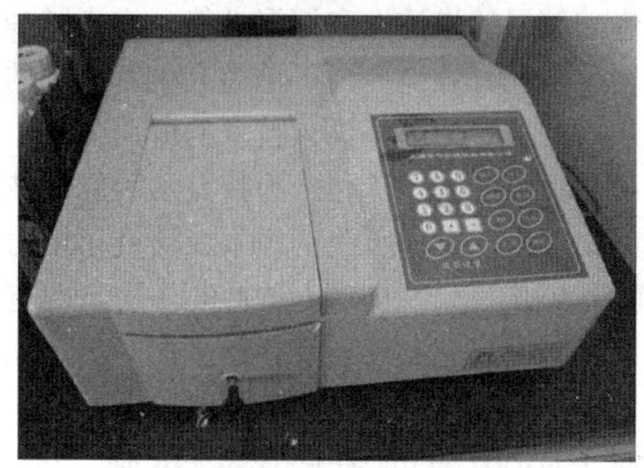

图 8-3 723 可见分光光度计

图 8-4 动态模拟实验装置

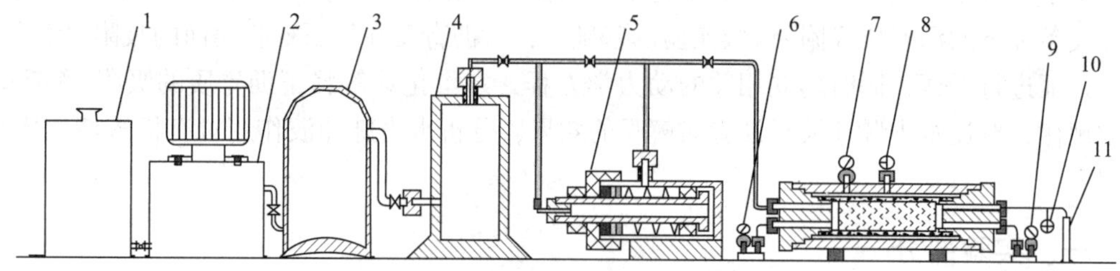

图 8-5 水力脉冲波动态模拟实验装置流程图

1—储液罐；2—剂量柱塞泵；3—储能罐；4—中间过渡容器；5—水力脉冲波发生装置；6、7、8、9、10—压力表，11—玻璃量筒

(三)实验及分析方法

(1)沥青质提纯。

参照 SH/T 0266—92 石油沥青质含量测定法中的实验方法进行沥青质的提纯。

(2)沥青质的吸附实验。

①将提纯后的沥青质分别按照浓度 50mg/L、100mg/L、200mg/L 和 400mg/L 配制成沥青质甲苯溶液，采用 723 可见分光光度计对不同浓度的沥青质甲苯溶液的分光度值进行测量，计算得到沥青质甲苯溶液的标准曲线。

②针对不同目数的石英砂，将配制好的沥青质甲苯溶液按砂液比为 5g：15mL 的比

例加入至锥形瓶中，在温度为80℃的恒温箱中进行沥青质吸附实验，同时每间隔一定时间对锥形瓶样品中上清液的分光度值进行测量和记录，以计算石英砂对沥青质的吸附量。

③吸附24h后倒掉锥形瓶中的上清液，将实验样品(图8-6)放置在通风处，使石英砂自然风干即得到石英砂沥青质吸附模型。

(3)水力脉冲波协同解吸剂沥青质解吸正交实验。

①本次沥青质解吸实验中采用十二烷基苯磺酸作为解吸剂，配制不同浓度的解吸剂溶液(50mg/L、100mg/L、400mg/L和800mg/L)，分别加入不同质量的沥青质，采用723可见分光光度计测量不同浓度的沥青质解吸剂溶液的分光度值，计算得到沥青质解吸剂标准曲线。

图8-6　不同条件吸附实验模型

②考虑水力脉冲波频率、水力脉冲波量级(与振幅成正相关)、解吸剂浓度、脉冲时间和解吸时间5个因素，对各因素分别设置4个不同的水平，见表8-1。

表8-1　单因素水平表

因素水平	A 频率/Hz	B 量级/%	C 解吸剂浓度/(mg/L)	D 脉冲时间/s	E 解吸时间/h
1	5	70	200	10	3
2	10	80	400	20	6
3	15	90	600	30	9
4	20	100	800	40	12

③按照表8-1因素水平表，利用正交软件设计实验方案，将各因子安排在$L_{16}(4^5)$正交表上，然后译成实验方案表。

④根据所设计的方案进行实验。具体步骤如下：将配制好的不同浓度的十二烷基苯磺酸(浓度为200mg/L、400mg/L、600mg/L和800mg/L)通过水力脉冲波装置作用于石英砂沥青质、黏土矿物吸附模型样品上，按照正交实验表设定好各组实验条件参数，开始水力脉冲波静态正交解吸实验。

对实验数据的处理以解吸率的形式表示。解吸率计算如式(8-1)所示：

$$W = \frac{I_{解}}{I_{吸}} \times 100\% \tag{8-1}$$

式中　W——解吸率，%；

$I_{解}$——解吸量，mg；

$I_{吸}$——吸附量，mg。

(4)水力脉冲波协同解吸剂动态解堵实验。

①填砂、称重、抽真空、饱和水，计算填砂模型孔隙度和水测渗透率。

②在 80℃的条件下向填砂管中不断注入沥青质甲苯溶液(1000mg/L)，对填砂模型饱和沥青质，直至填砂管出口端含水率小于 10%为止，静置 12h 使得沥青质在填砂管中充分吸附。

③吸附完成后测量吸附沥青质后的填砂模型渗透率。

④利用水力脉冲波发生器按照正交实验优化的最佳工艺参数设置脉冲波参数，将配制好的解吸剂溶液(800mg/L)注入填砂管中，直至填砂管出口端含水率大于 90%为止，将填砂管静置 5h。

⑤5h 后测定填砂模型的渗透率。

二、水力脉冲波协同解吸剂作用参数优化

实验所测定的沥青质甲苯溶液标准曲线和沥青质解吸剂溶液标准曲线分别如图 8-7 和图 8-8 所示。水力脉冲波协同解吸剂沥青质解吸正交实验的结果分析见表 8-2。

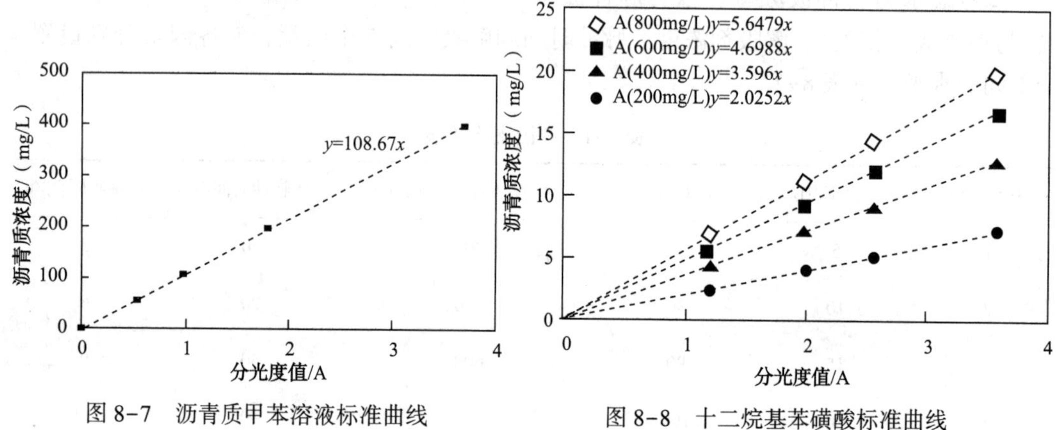

图 8-7　沥青质甲苯溶液标准曲线

图 8-8　十二烷基苯磺酸标准曲线

表 8-2　正交实验方案及结果表

因素	频率/Hz	量级/%	脉冲时间/s	解吸剂浓度/(mg/L)	解吸时间/h	解吸率/%
实验 1	5	70	10	200	3	20.12
实验 2	5	80	15	400	6	22.30
实验 3	5	90	20	600	9	24.14
实验 4	5	100	30	800	12	25.33
实验 5	10	70	15	600	12	24.35
实验 6	10	80	10	800	9	25.16
实验 7	10	90	30	200	6	23.51

续表

因素	频率/Hz	量级/%	脉冲时间/s	解吸剂浓度/(mg/L)	解吸时间/h	解吸率/%
实验 8	10	100	20	400	3	24.32
实验 9	15	70	20	800	6	24.27
实验 10	15	80	30	600	3	23.52
实验 11	15	90	10	400	12	24.15
实验 12	15	100	15	200	9	23.13
实验 13	20	70	30	400	9	23.72
实验 14	20	80	20	200	12	22.64
实验 15	20	90	15	800	3	25.66
实验 16	20	100	10	600	6	25.51
均值 1	22.973	23.115	23.735	22.350	23.405	
均值 2	24.335	23.405	23.860	23.623	23.898	
均值 3	23.767	24.365	23.843	24.380	24.037	
均值 4	24.383	24.573	24.020	25.105	24.117	
极差	1.410	1.458	0.285	2.755	0.712	

由表 8-2 实验结果分析可知，对解吸效果影响最大的因素为解吸剂浓度，其次为水力脉冲波量级和脉冲频率，再次为解吸时间和脉冲时间。其中，解吸剂浓度、水力脉冲波量级及作用时间、解吸时间、脉冲频率的最佳水平分别为 800mg/L、100%、40s、12h、20Hz，此即为优选出的实验条件参数。

通过对实验结果的分析得到最优的工艺参数值，见表 8-3。

表 8-3　最优工艺参数

解吸剂浓度/(mg/L)	量级/%	脉冲时间/s	解吸时间/h	脉冲频率/Hz
800	100	40	12	20

三、水力脉冲波协同解吸剂动态解堵效果

填砂岩心的渗透率根据式(8-2)计算：

$$K = \frac{Q\mu L}{A(p_1 - p_2)} \tag{8-2}$$

式中　K——岩心渗透率，μm^2；

p_1——进口压力，10^{-1}MPa；

p_2——出口压力，10^{-1}MPa；

Q——通过岩心的流体流量，cm^3/s；

μ——流体黏度，mPa · s；

L——岩心长度，cm；

A——岩心横截面积，cm^2。

岩心伤害系数 S 计算方法由式(8-3)给出：

$$S = (K_0 - K_1)/K_0 \tag{8-3}$$

水力脉冲波-解吸剂处理解堵系数 R 计算方法由式(8-4)给出：

$$R = K_2/K_1 \tag{8-4}$$

水力脉冲波-解吸剂处理恢复系数 H 计算方法由式(8-5)给出：

$$H = K_2/K_0 \tag{8-5}$$

式中　S——岩心伤害系数；

R——水力脉冲波-解吸剂解堵系数；

H——水力脉冲波-解吸剂解堵岩心渗透率恢复系数；

K_0——岩心原始水测渗透率，μm^2；

K_1——沥青质吸附后岩心的水测渗透率，μm^2；

K_2——水力脉冲波-解吸剂处理后岩心的水测渗透率，μm^2。

岩心伤害系数 S 表征岩心渗透率的受损害程度，是渗透率的减小值和原始渗透率的比值。水力脉冲波-解吸剂处理解堵系数 R 表示水力脉冲波-解吸剂复合技术对堵塞岩心的解堵效果，水力脉冲波-解吸剂解堵岩心渗透率恢复系数 H 表示受污染岩心在水力脉冲波-解吸剂作用下恢复至原始渗透率的增加倍数。

动态解堵实验结果见表 8-4。

表 8-4　水力脉冲协同解吸剂解堵沥青质动态实验结果

实验类别	原始渗透率 $(K_0)/\mu m^2$	污染后渗透率 $(K_1)/\mu m^2$	处理后渗透率 $(K_2)/\mu m^2$	污染系数 (S)	解堵系数 (R)	恢复系数 (H)
十二烷基苯磺酸解堵	2.375	0.381	0.594	0.84	1.56	0.25
脉冲+基液解堵	2.39	0.350	0.392	0.85	1.12	0.16
脉冲+十二烷基苯磺酸复合解堵	2.365	0.384	0.845	0.84	2.20	0.36

对比表 8-4 中的实验结果，三组动态解堵实验得到的解堵系数及恢复系数，可知水力脉冲波-十二烷基苯磺酸复合解堵效果比单纯的十二烷基苯磺酸解堵、水力脉冲波解堵效果好；水力脉冲波物理法解堵和解吸剂化学法解堵之间相互辅助、相互促进，有效提高了对污染岩心的解堵效果，因此表明在水力脉冲波优化工艺参数条件下，水力脉冲波-解吸剂协同解堵技术应用于污染地层提高解堵效果是可行的。

第二节 水力脉冲波协同作用下沥青质吸附-解吸动力学研究

一、实验部分

(一)实验仪器与药品

与本章第一节一中相同。

(二)实验及分析方法

水力脉冲波协同作用下沥青质的吸附-解吸动力学实验步骤如下:

(1)配制浓度分别为400mg/L和700mg/L的解吸剂溶液。

(2)配制浓度分别为200mg/L和400mg/L的沥青质甲苯溶液,分别以60目、100目石英砂和四种不同类型的黏土矿物[蒙脱石(M)、绿泥石(L)、高岭石(G)和伊利石(Y)]作为样品制作沥青质的吸附模型,利用分光光度法确定沥青质的吸附量,并确定相应的沥青质吸附动力学参数。其中的实验编号"60-C200"表示200mg/L的沥青质甲苯溶液吸附的60目石英砂吸附模型,其他标注以次类推。

(3)在本章第一节三中优化的最佳协同作用参数下,利用水力脉冲发生器将10mL解吸剂依次加入到不同的沥青质模型当中,放置于80℃的恒温箱中。

(4)每隔一段时间测定解吸模型中上清液的分光度值(初始分光度值为零),结合沥青质解吸剂标准曲线计算不同模型中沥青质的解吸量,并确定水力脉冲波协同作用下沥青质的解吸动力学参数。其中的实验编号"B60-C200-A700"表示200mg/L沥青质甲苯溶液吸附的60目石英砂吸附模型,在波动(B)和700mg/L浓度的解吸剂(A)协同作用下的解吸模型;其他标注依次类推。

二、沥青质在岩石矿物表面的等温吸附特征

原油中沥青质在岩石矿物表面的吸附过程受到原油胶体体系及储层中液体环境和周围岩石矿物性质等的影响。原油中大分子极性化合物的不断聚集形成了复杂的沥青质聚集体,而组成沥青质的极性化合物中含有不同类型的大分子含氮、含硫和含氧化合物,其中含氧化合物包括酚类和多种有机酸,含硫化合物包括噻吩等,含氮化合物包括吡啶、咔唑等,不同类型的杂原子化合物在沥青质与岩石矿物的吸附过程中起到重要的作用,尤其是含氮和含氧化合物。含有表面活性基团的沥青质聚集体具有正电荷和较强的极性,同时黏土矿物是典型的硅铝酸盐,其表面具有四面体Si—OH和八面体Al—OH的基团,且晶片的表面为—OH,这些极性基团为沥青质在黏土矿物表面的吸附过程提供了较多的吸附位点,具有较强极性的沥青质在氢键、偶极-偶极作用、范德华力等一系列与岩石矿物的作用力下吸附于岩石矿物的表面。

(一)等温吸附曲线

不同类型岩石矿物对沥青质-甲苯溶液的等温吸附关系如图8-9所示,其中沥青质在

石英砂颗粒表面的吸附随着石英砂目数的增加而不断增加。60 目石英砂吸附浓度为 923. 667ppm（1ppm = 10^{-6}）时，其对沥青质的吸附量为 1. 663mg/g，而 200 目石英砂吸附浓度为 867. 2ppm 时，其对沥青质的吸附量为 2. 649mg/g，除伊利石外，蒙脱石、高岭石和绿泥石在较低的吸附平衡浓度下即可达到较高的吸附量，其中蒙脱石在吸附浓度为 128. 8ppm 时，其对沥青质的吸附量为 13. 54mg/g，而伊利石随吸附平衡浓度的增大，其吸附量趋于平稳，200 目伊利石吸附浓度为 833. 21ppm 时，其对沥青质的吸附量为 2. 437mg/g。

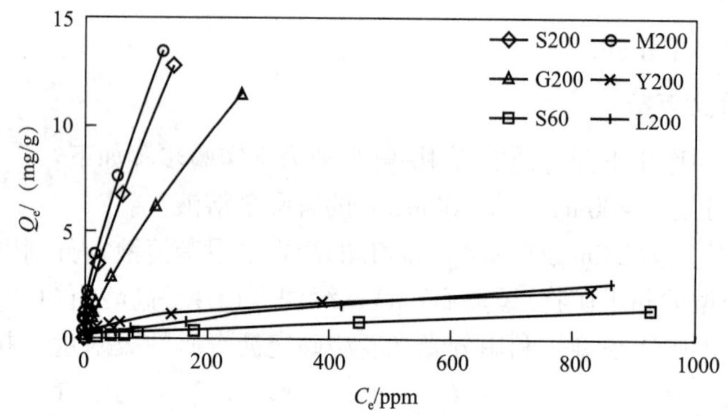

图 8-9　沥青质在岩石矿物表面的等温吸附曲线

（二）Langmuir 等温吸附模型

由不同类型岩石矿物对沥青质-甲苯溶液的等温吸附曲线得到 Langmuir 等温吸附模型的拟合曲线和相关拟合参数，如图 8-10 和表 8-5 所示，其中沥青质在岩石矿物，尤其是蒙脱石、伊利石和高岭石表面的吸附过程与 Langmuir 吸附模型的拟合度较高，均大于 90%，同时由 Langmuir 模型计算得到不同岩石矿物的最大吸附容量，其中 200 目伊利石、石英砂、蒙脱石、高岭石和绿泥石对沥青质的最大吸附量分别为 2. 648mg/g、3. 313mg/g、16. 2075mg/g、17. 8253mg/g 和 16. 1290mg/g，在相同的吸附质浓度下，蒙脱石、绿泥石和高岭石对沥青质的吸附容量较高，这三种黏土矿物对于沥青质沉积后造成的储层伤害作用明显。

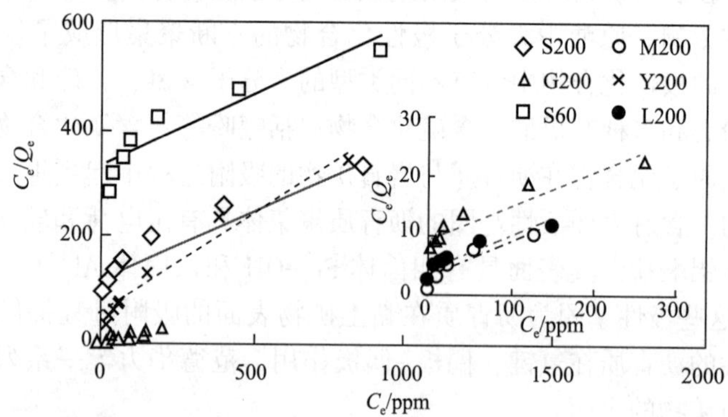

图 8-10　沥青质在岩石矿物表面吸附的 Langmuir 模型拟合曲线

表 8-5 沥青质在岩石矿物表面吸附的 Langmuir 方程拟合参数

岩石矿物	Langmuir 吸附等温式	Q_{max}/(mg/g)	$K_L/10^3$	R^2
石英砂 60 目	$C_e/Q_e=0.3254C_e+331.37$	3.073	0.982	0.874
石英砂 200 目	$C_e/Q_e=0.3018C_e+255.64$	3.313	1.181	0.876
蒙脱石 200 目	$C_e/Q_e=0.0617C_e+2.3108$	16.208	26.701	0.936
高岭石 200 目	$C_e/Q_e=0.0561C_e+9.3475$	17.825	6.002	0.929
伊利石 200 目	$C_e/Q_e=0.3777C_e+48.323$	2.648	7.816	0.967
绿泥石 200 目	$C_e/Q_e=0.062C_e+3.1734$	16.129	19.537	0.849

(三)Freundlich 等温吸附模型

由不同类型岩石矿物对沥青质-甲苯溶液的等温吸附曲线得到 Freundlich 等温吸附模型的拟合曲线和相关拟合参数，如图 8-11 和表 8-6 所示。不同岩石矿物表面的吸附过程与 Freundlich 等温吸附模型的拟合度较高，均大于 0.99，相比 Langmuir 等温吸附模型，Freundlich 等温吸附模型可以更好地反映沥青质在岩石矿物表面的吸附过程，说明沥青质在岩石矿物表面的吸附过程满足非均相的多分子层吸附作用，其中 Freundlich 吸附常数 K_F 和非线性因子 n 是 Freundlich 等温吸附模型中的重要拟合参数，对于石英砂而言，$1/n$ 均小于 1，说明沥青质在石英砂表面的吸附过程为优惠吸附过程，同时随着石英砂目数的不断增大，$1/n$ 的值不断降低，说明随着目数的增加吸附过程更容易发生。由 Freundlich 吸附常数 K_F 可以看出，随着石英砂目数的增加，K_F 值不断增大，Freundlich 吸附常数 K_F 越大，说明吸附质与吸附剂之间的结合能力越强，因此目数越大，石英砂与沥青质之间的结合能力越强；对于黏土矿物的吸附，$1/n$ 均小于 1，同样满足优惠吸附过程，同时相比其他两种黏土矿物，蒙脱石和绿泥石具有更高的吸附常数 K_F；因此岩石矿物与沥青质的结合能力强弱排序依次为：200 目蒙脱石>200 目绿泥石>200 目高岭石>200 目伊利石>200 目石英砂>60 目石英砂。

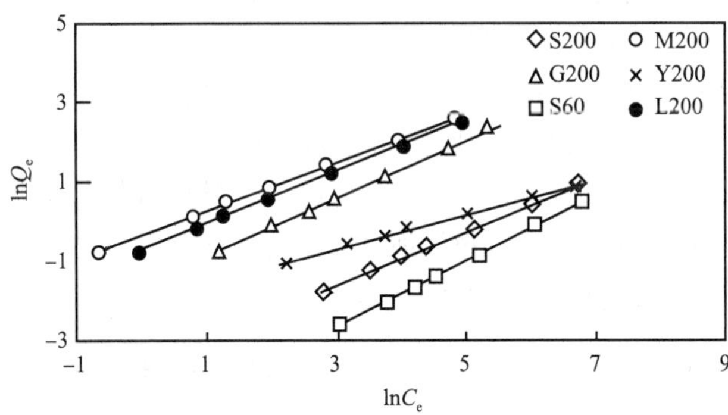

图 8-11 沥青质在岩石矿物表面吸附的 Freundlich 模型拟合曲线

表 8-6　沥青质在黏土矿物表面吸附的 Freundlich 方程拟合参数表

岩石矿物	Freundlich 吸附等温式	n	K_F	R^2
石英砂 60 目	$\ln Q_e = 0.8266\ln C_e - 5.132$	1.2098	0.006	0.999
石英砂 200 目	$\ln Q_e = 0.679\ln C_e - 3.618$	1.4728	0.027	0.999
蒙脱石 200 目	$\ln Q_e = 0.5887\ln C_e - 0.305$	1.6987	0.737	0.998
高岭石 200 目	$\ln Q_e = 0.7402\ln C_e - 1.651$	1.3510	0.192	0.999
伊利石 200 目	$\ln Q_e = 0.4378\ln C_e - 2.042$	2.2841	0.130	0.991
绿泥石 200 目	$\ln Q_e = 0.6578\ln C_e - 0.708$	1.5202	0.493	0.993

三、沥青质在岩石矿物表面的吸附动力学特征

通过不同浓度沥青质-甲苯溶液在典型岩石矿物表面的吸附动力学曲线（图 8-12）可以看出，沥青质在岩石矿物表面的吸附动力学曲线，随时间的增大曲线呈先急剧增大后趋于平稳的趋势，同时 200 目石英砂的吸附量高于 60 目的吸附量，吸附液浓度越高石英砂吸附量越高，除伊利石外，黏土矿物对沥青质的吸附能力远高于石英砂，蒙脱石吸附能力最强，其次为绿泥石和高岭石，最弱为伊利石，吸附 8h 后各吸附曲线几乎达到吸附平衡状态。由于吸附开始时，岩石矿物表面上的吸附点位周围聚集着高浓度的沥青质-甲苯溶液，沥青质与岩石矿物表面的吸附点位进行迅速反应，有利于吸附速率的增加，虽然不同类型岩石矿物具有不同的吸附位及吸附能，但随着吸附时间的增加，岩石矿物表面的吸附点位不断减少，引起吸附反应速率不断降低，吸附过程逐渐趋于平衡状态。对于石英砂颗粒目数越大，其半径越小，比表面积越大，其对沥青质的吸附能力越强；由于黏土矿物自身结构的特殊性，使得黏土矿物的比表面积相对于石英砂更大，因此同等反应条件下吸附的沥青质量越大。

将沥青质在岩石矿物表面的吸附动力学实验数据与双常数速率方程、抛物线扩散方程、Elovich 方程、一级动力学方程和拟二级动力学方程进行拟合（图 8-12）。其中，200mg/L 沥青质-甲苯溶液在不同类型岩石矿物表面的吸附过程与拟二级动力学方程，Elovich 方程和双常数速率方程的拟合度较高；400mg/L 沥青质-甲苯溶液在不同类型岩石矿物表面的吸附过程则主要满足拟二级动力学方程，且拟合数据中一级动力学方程拟合最差。Aharoni 等指出，Elovich 方程表示吸附过程是非均相扩散过程，拟二级动力学方程是建立在速率控制步骤是化学反应或化学吸附的基础上，其包含外部液膜扩散、表面吸附和颗粒内扩散等吸附的所有过程，可以很好地反映沥青质在岩石矿物表面的吸附机制，这与 Freundlich 等温吸附模型拟合所反映的吸附机理相一致。

四、水力脉冲波协同作用下沥青质的解吸动力学特征

由本节二和三中得到黏土矿物，尤其是蒙脱石、绿泥石和高岭石对于沥青质的吸附能力比石英砂对沥青质的吸附能力强，因此在解吸过程中，沥青质要从吸附能力更强的岩石

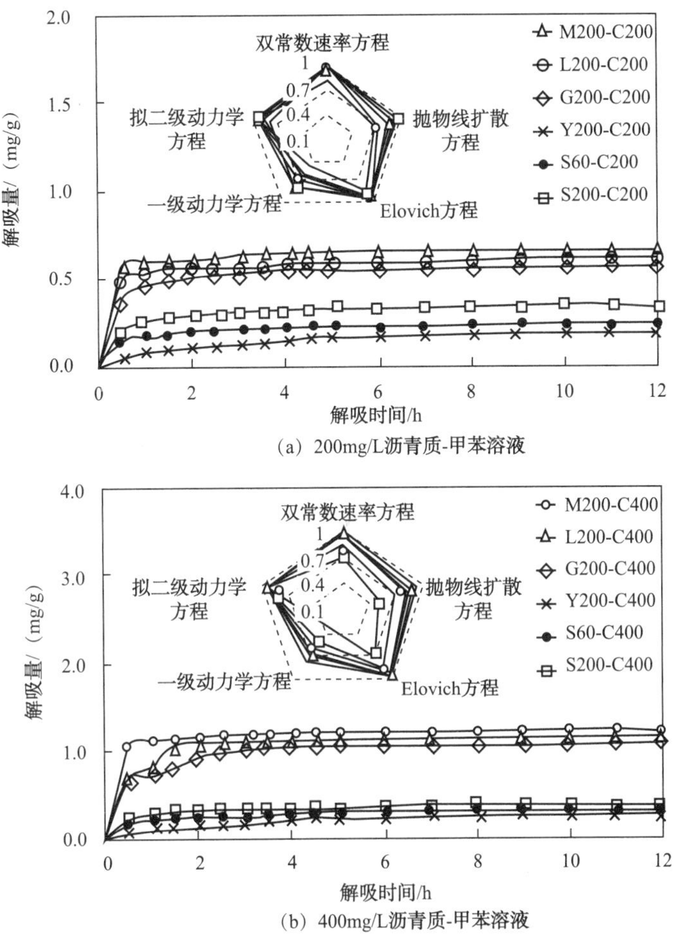

（a）200mg/L沥青质-甲苯溶液

（b）400mg/L沥青质-甲苯溶液

图 8-12　沥青质在岩石矿物表面吸附的吸附动力学特征及拟合参数关系

矿物表面解吸脱落所需的条件也越高，由图 8-13 和图 8-14 可以看出，黏土矿物模型中沥青质的解吸量比石英砂模型中沥青质的解吸量小很多，在相同解吸条件下的解吸量大小依次为：200 目石英砂>60 目石英砂>200 目蒙脱石>200 目伊利石>200 目绿泥石>200 目高岭石。

对于不同目数的石英砂吸附模型而言，低浓度吸附模型中，60 目石英砂相比 200 目石英砂更快速地达到解吸平衡，相同水力脉冲波参数条件下，60 目的石英砂波动与非波动解吸量的差距比 200 目的石英砂大，60 目的石英砂受波动解吸的效果要好于 200 目的石英砂；由此说明相同水力脉冲波作用和解吸剂浓度下，对于吸附沥青质的石英砂颗粒越大越易解吸，颗粒越小解吸所需能量越大；相比于石英砂表面的沥青质解吸，相同解吸剂条件下黏土矿物表面的沥青质解吸率较低，说明黏土矿物表面的沥青质解吸难度大，因此需要针对黏土矿物的复杂结构研制解吸强度更大的解吸剂。

由水力脉冲波协同解吸动力学曲线(图 8-13 和图 8-14)可知，水力脉冲波对沥青质的解吸具有较好的促进作用，在不同的岩石矿物吸附模型的解吸过程中，协同作用初期水力脉冲波对沥青质的协同解吸作用明显，随着解吸反应时间的延长，波动解吸与非波动解吸

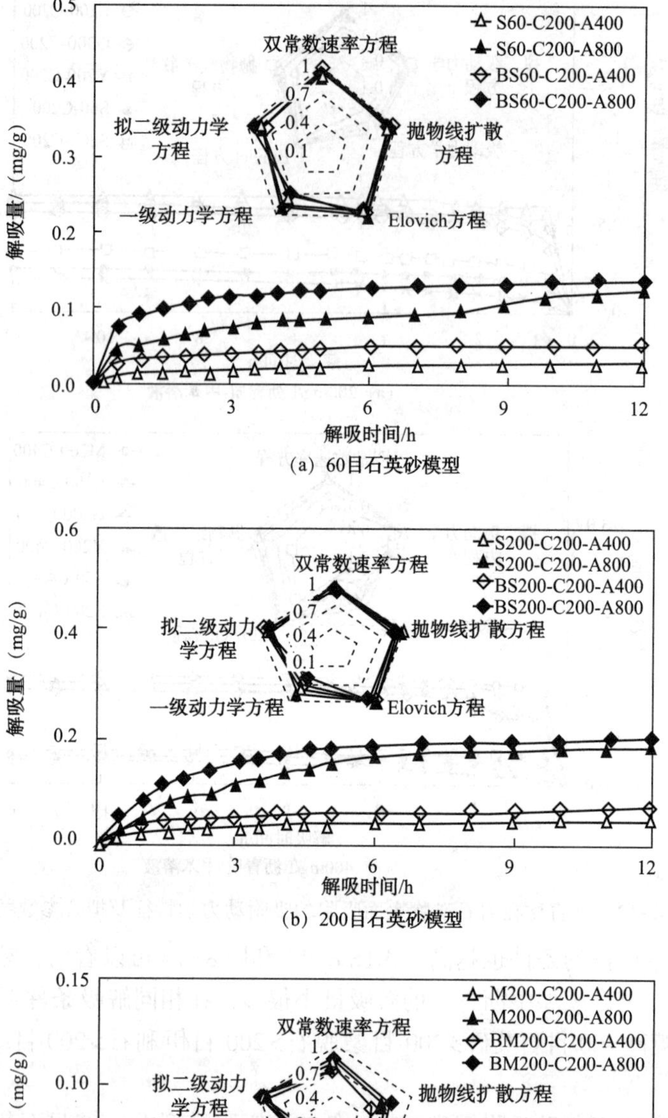

(a) 60目石英砂模型

(b) 200目石英砂模型

M200-C200-A400
M200-C200-A800
BM200-C200-A400
BM200-C200-A800
双常数速率方程
抛物线扩散方程
Elovich方程
一级动力学方程
拟二级动力学方程
1
0.7
0.4
0.1
解吸量/（mg/g）
0.00
0.05
0.10
0.15
解吸时间/h
0
3
6
9
12

(c) 蒙脱石模型

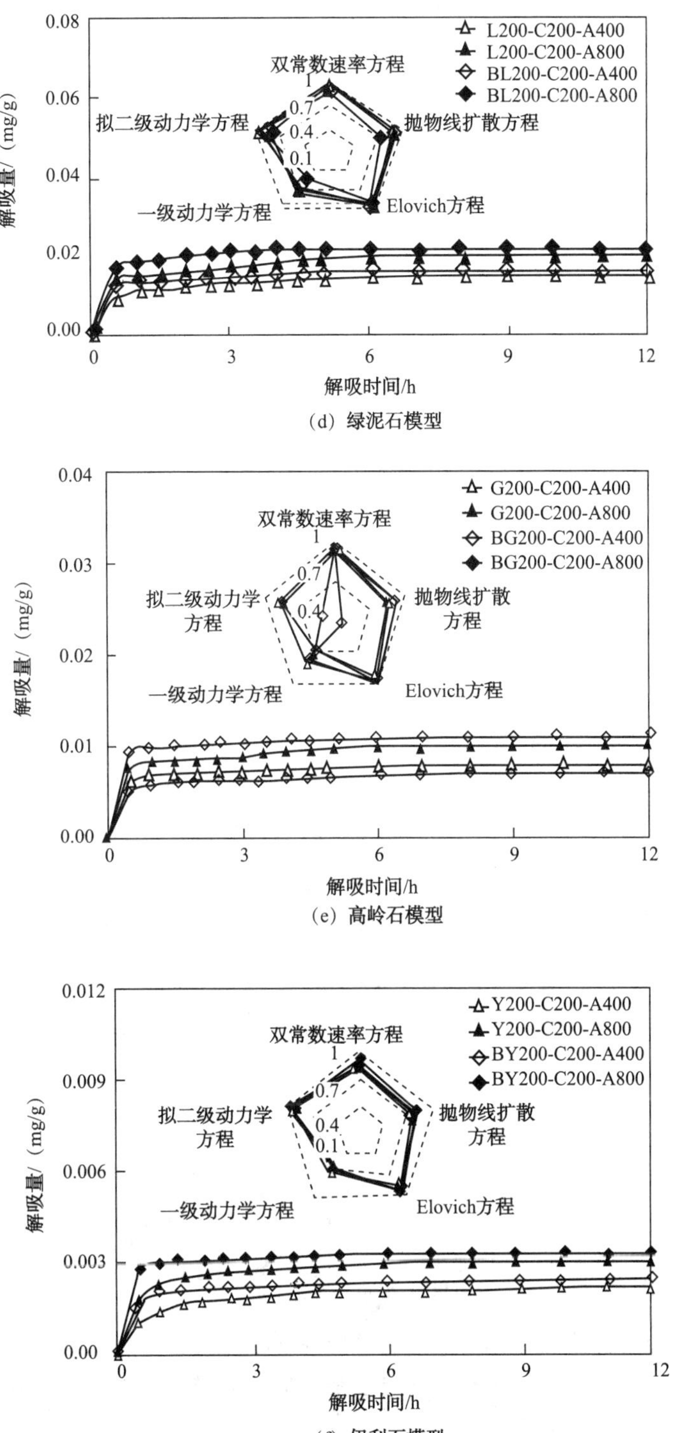

图 8-13　水力脉冲波协同解吸动力学特征（200mg/L 沥青质在岩石矿物表面的吸附模型）

差距逐渐减小，且解吸剂浓度越高，差距越小，由此表明随着时间的延长，主要解吸方式逐渐由波动化学解吸方式向化学解吸方式为主转变；水力脉冲波一方面靠其自身的波动物理作用诱发吸附沥青质的石英颗粒发生振动，易使沥青质从岩石矿物表面发生脱落；另一方面波动作用能够有效地促进解吸剂在反应体系中的扩散，减少其在岩石矿物表面的吸附，使得解吸剂更充分地与沥青质发生化学反应。

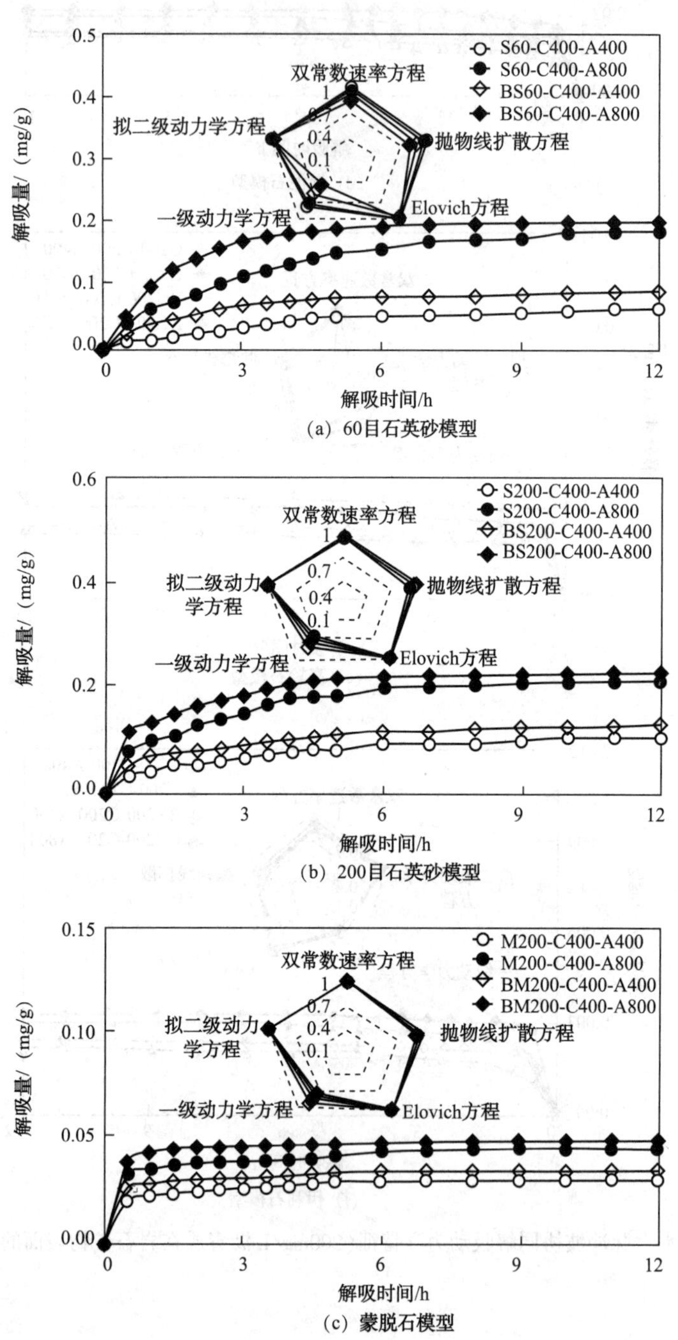

(a) 60目石英砂模型

(b) 200目石英砂模型

(c) 蒙脱石模型

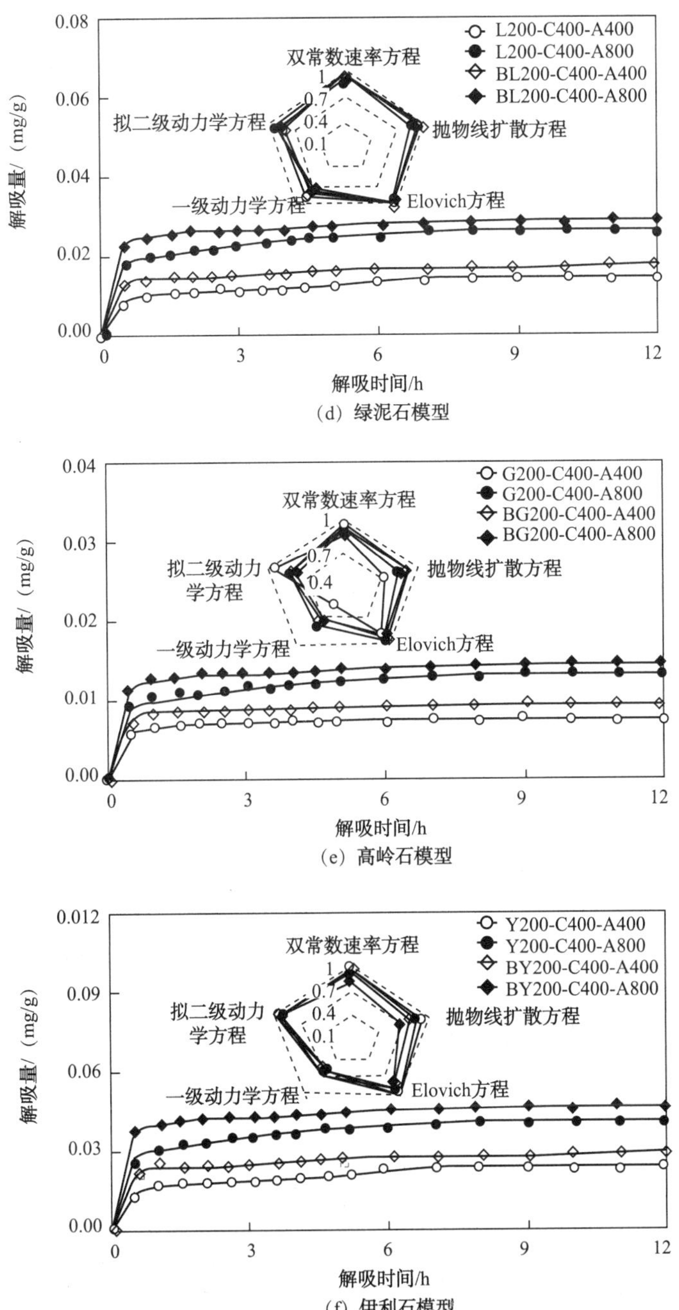

(d) 绿泥石模型

(e) 高岭石模型

(f) 伊利石模型

图 8-14　水力脉冲波协同解吸动力学特征(400mg/L 沥青质在岩石矿物表面的吸附模型)

无波条件下沥青质的解吸动力学方程与双常数速率方程、Elovich 方程相符合。水力脉冲波条件下的沥青质解吸动力学方程与 Elovich 方程、拟二级动力学方程相符合；且与一级动力学方程拟合最差，说明沥青质在岩石矿物表面的波动解吸和非波动解吸过程均并非简单的一级反应，而是由解吸反应速率和扩散因子共同控制的化学解吸过程，因此水力脉冲波协同解吸过程提高解吸效率的同时并未改变解吸剂的解吸动力学机制。

双常数速率方程和 Elovich 方程常用来描述吸附质表面吸附能的非均质性，体现了吸附与解吸动力学过程的复杂性。因沥青质的分子结构复杂多样，其解吸过程的化学反应亦较为复杂，所以双常数速率方程适用于沥青质的解吸动力学方程。

五、水力脉冲波协同作用下的沥青质解吸效果

由图 8-15 可以看出，水力脉冲波对于解吸剂在不同类型岩石矿物表面的解堵过程起到了明显的促进作用。对于石英砂吸附模型，水力脉冲波对于沥青质的解吸促进作用主要分为三个阶段：①协同增效阶段：在水力脉冲波协同作用后的 1.5h 左右，水力脉冲波对于解吸剂的沥青质协同解吸提高幅度达到最高值，说明在此阶段水力脉冲波起到了明显的促进作用，其中 400mg/L 60 目石英砂吸附模型，在 1.5h 时，水力脉冲波协同作用下的解

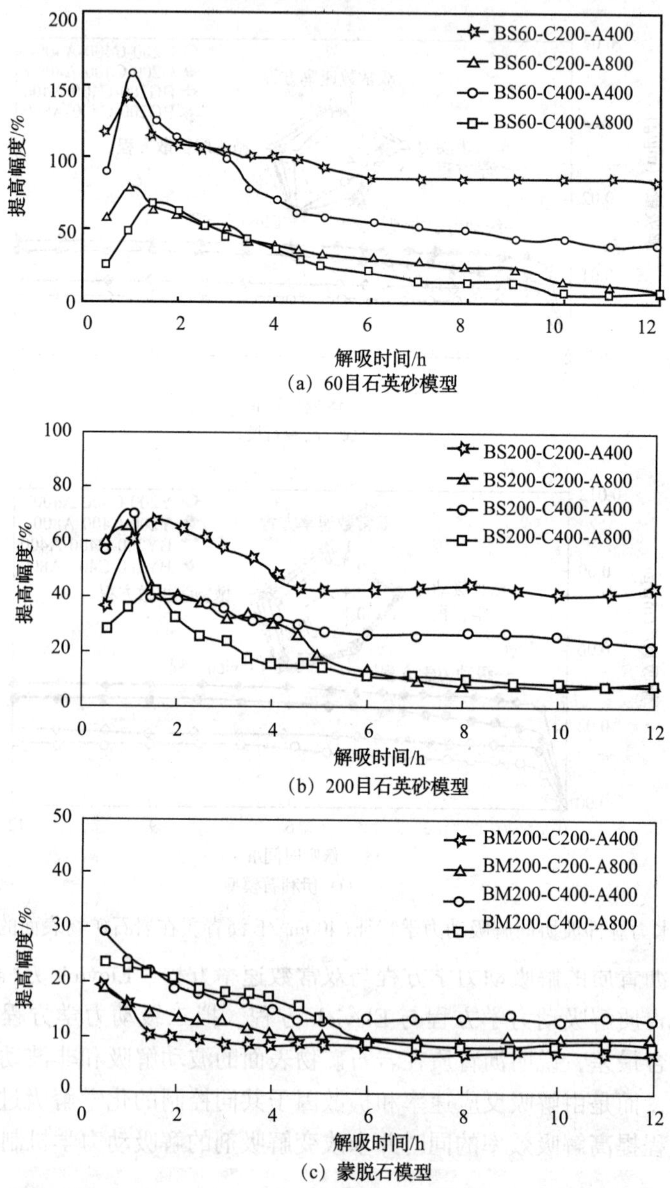

(a) 60目石英砂模型

(b) 200目石英砂模型

(c) 蒙脱石模型

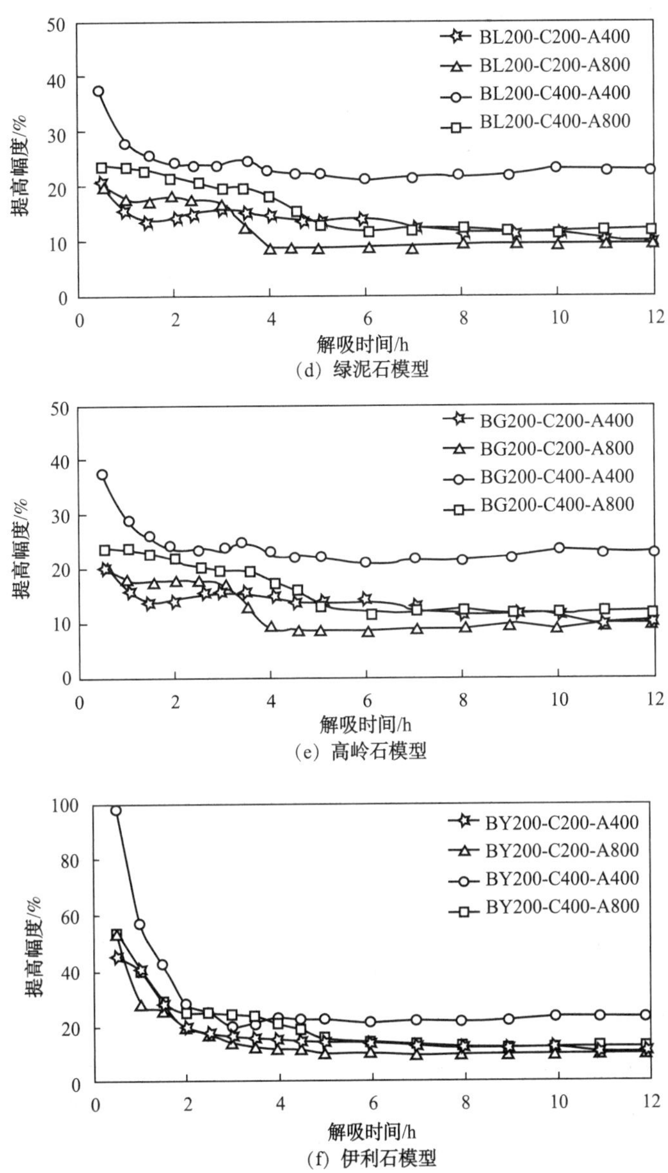

(d) 绿泥石模型

(e) 高岭石模型

(f) 伊利石模型

图 8-15　水力脉冲波协同作用解堵效果

吸幅度提高了 157.7%。②解吸作用转变阶段：当解吸时间大于 2h 后，沥青质在不同类型岩石矿物表面的解吸作用由水力脉冲波协同化学解吸方式向化学解吸方式为主转变，相比单纯的化学解堵措施，在这一阶段，水力脉冲波的提高解吸幅度显著降低，其中 400mg/L 60 目石英砂吸附模型，在 3h 时，水力脉冲波协同作用下的解吸幅度由最高的 157.7%下降为 100.63%。③稳定阶段：经历协同增效和解吸作用的转变，不同类型岩石矿物表面的解吸量逐渐趋于稳定，相比单纯的化学解吸效果，水力脉冲波对于沥青质在岩石矿物表面的解吸作用能起到较为稳定的促进作用。

对于黏土矿物吸附模型，随着时间的增加，其中吸附能力较强的蒙脱石、绿泥石和高岭石，水力脉冲波的提高解吸效果的变化幅度较小，而伊利石吸附模型由水力脉冲波协同作用初期的 98.4%下降为稳定时的 23.0%。

水力脉冲波协同作用下，沥青质在不同类型岩石矿物表面的解吸过程，在作用初期，解吸效果受到水力脉冲波的促进作用，但整体而言其解吸效果仍为化学解吸剂所主导，因此当解吸剂浓度较低时，水力脉冲波对于解吸效果的促进作用相比高浓度时更为明显。

第三节　水力脉冲波对解吸剂动态扩散性能的影响

一、实验部分

(一)实验器材

波场采油多功能动态模拟系统(南通华兴石油仪器有限公司)、水力脉冲波发生器、可见分光光度计、烧杯、天平、试管。

(二)实验试剂

蒸馏水、解吸剂(十二烷基苯磺酸)。

(三)实验步骤和方法

(1)配制不同浓度的解吸剂溶液(600mg/L、800mg/L、1000mg/L、1200mg/L)，利用分光光度计测定解吸剂溶液分光度标准曲线。

(2)选用尺寸为 300mm×50mm 的填砂管，洗净、烘干，填入颗粒粒径为 0.3~0.45mm 的石英砂。

(3)烘干填砂管，称量干重；对填砂岩心进行抽真空，且饱和一定量的蒸馏水，称量湿重，测量和计算填砂岩心的孔隙度及水测渗透率。

(4)分别采取水力脉冲注入和非脉冲注入方式，向填砂管中连续注入浓度为 1200mg/L 的解吸剂溶液，两种注入方式水驱直至填砂管出口端无解吸剂流出为止，消除其他物理化学作用对扩散系数测定的干扰。

(5)再次分别采取水力脉冲和非脉冲注入方式，向填砂管中连续注入浓度为 1200mg/L 的解吸剂溶液，同时在填砂管出口端(每隔 1mL)取样一次，利用分光光度计测定分光光度值，对比解吸剂溶液分光度标准曲线，记录浓度与累计注入体积，绘制 C/C_0 与孔隙体积关系曲线。选取出口端浓度为入口端浓度的 10%时的测定数据。然后代入式(8-6)和式(8-7)，分别计算一定注入速度下的水力脉冲注入和非脉冲注入下的解吸剂的扩散系数。

$$W_{10}=\frac{V_p-V_{10}}{\sqrt{V_{10}}} \tag{8-6}$$

$$D=\frac{1}{TV_p}\left(\frac{LW_{10}}{1.81}\right)^2 \tag{8-7}$$

式中 V_{10}——出口端浓度为入口段浓度 10%时，累计接液体体积，cm^3；

T——注入单倍孔隙体积解吸剂溶液所用时间，s；

V_p——孔隙体积，cm^3；

L——岩心长度，cm。

二、水力脉冲波助扩散性能

填砂管基本数据见表 8-7。表 8-8 是水力脉冲波动和非波动条件下解吸剂扩散系数计算结果表。

表 8-7　岩心动态扩散性能实验基本参数

岩样长度/cm	填砂管直径/cm	渗透率/$10^{-3}\mu m^2$	孔隙体积/cm^3	孔隙度/%
2.5	30	800	47.5	32.3

通过表 8-7 的解吸剂扩散系数的计算结果可以看出，水力脉冲波注入方式提高了解吸剂的扩散系数。解吸剂扩散系数随注入速度增大而增大，脉冲波的增强作用随注入速度的增大逐渐减弱。

无振动时解吸剂扩散表达式为：

$$D=D_0(1+B)+\alpha u^{\alpha} \tag{8-8}$$

式中　D_0——解吸剂自身的扩散系数，cm^2/s；

B——岩石多孔介质流体质点运移的弯曲度；

αu^{α}——流体在多孔介质中对流扩散项。

表 8-8　水力脉冲波协同扩散系数

解吸剂注入方式	v/(mL/h)	V_{10}/cm^3	$W_{10}/cm^{3/2}$	$D/cm^2\cdot s$	脉冲相对提高百分比/%
无脉冲	20	10.2	11.68	0.09	13.22
水力脉冲	20	9.4	12.43	0.10	
无脉冲	40	9.8	12.04	0.20	9.94
水力脉冲	40	9.2	12.63	0.22	
无脉冲	60	9.4	12.43	0.31	8.41
水力脉冲	60	8.9	12.94	0.34	

其中，D_0是由解吸剂本身的性质决定的，B 与介质毛细管的弯曲度相关，αu^{α} 与流体在多孔介质中的渗流速度相关。

当渗流速度稳定，在储层孔隙或粘附于孔隙壁上的颗粒受到水力脉冲波作用，使得颗粒发生位移正弦振动，同时颗粒在水力脉冲波的作用下其运移速度与水力脉冲波的振动速度相叠加，颗粒随脉冲作用的流体流动，改善了孔隙中的流动状况，增强了解吸剂在多孔介质中的扩散。同时根据式(8-8)可以看出，扩散系数随着流体渗流速度的增大而增大。因此，说明水力脉冲波动作用能够加快解吸剂在地层的扩散，使得解吸剂在地层中扩散更加均匀，有效提高解吸剂反应效果。

第四节　本章小结

本章在开展了大量的水力脉冲波协同解吸剂解堵实验的基础上，对水力脉冲波协同化学有机解堵动力学机制进行了研究，得到的结论如下：

(1)通过水力脉冲波协同解吸剂沥青质解吸正交实验优选了水力脉冲波解堵工艺参数。正交实验结果表明，对解吸效果影响最大的因素为解吸剂浓度，其次是水力脉冲波量级和脉冲频率，再次为解吸时间和脉冲时间。优选得到的解吸剂浓度、水力脉冲波量级及作用时间、解吸时间、脉冲频率的最佳水平分别为 800mg/L、100%、40s、12h、20Hz。

(2)水力脉冲波协同解吸剂动态解堵实验结果表明，水力脉冲波物理解堵与解吸剂化学解堵之间相互促进、相互协同，有效提高了复合解堵效果，表明水力脉冲波-解吸剂复合解堵提高解堵效果是可行的。

(3)在水力脉冲波协同解吸剂解堵参数优化的基础上，进行了沥青质在不同岩石矿物表面的吸附-解吸动力学实验，实验结果表明水力脉冲波对沥青质的解吸具有较好的促进作用。将沥青质的吸附-解吸动力学实验数据与动力学方程相拟合，拟合结果表明，沥青质的吸附和波动解吸的动力学数据均符合 Elovich 方程和拟二级动力学方程规律；非波条件下沥青质的解吸动力学方程与双常数速率方程、Elovich 方程相符合，表明沥青质在石英砂表面吸附，波动解吸和非波动解吸过程均并非简单的一级反应，而是由解吸反应速率和扩散因子共同控制的过程。

(4)通过水力脉冲波对解吸剂动态扩散性能影响实验研究，得到水力脉冲波条件下的解吸剂扩散系数，实验结果表明水力脉冲波动作用能够加快解吸剂在地层的扩散，使得解吸剂在地层中扩散更加均匀，有效增强解吸剂的解堵效果。

第九章　水力脉冲波协同化学解堵技术现场应用

在室内研究基础上，进行水力脉冲波协同化学技术矿场实验，以验证水力脉冲波协同技术作用效果，从而为该项复合解堵技术的现场推广提供一定的理论与工艺支持。

第一节　现场施工设计

一、选井条件

对于开发过程中因沥青质、胶质、无机结垢、黏土矿物、各种机械杂质等导致的储层堵塞，采用水力脉冲波协同化学解堵技术具有较好的效果。在掌握储层地质资料和相关的生产井史条件下，可以采用该项复合技术有针对性地对近井带堵塞的地层进行处理。复合作业不适于具有较低的地层压力、油水边界层及套管受损、严重漏失的井。预处理井需要满足以下条件：

(1)油井地层发育差，储层泥质含量高，敏感性强；储层中的颗粒在孔隙当中沉积、运移，各类岩石矿物发生溶解与转化，以及黏土矿物的膨胀引起的近井周围的无机堵塞而导致的储层堵塞。

(2)原油黏度高，重质组分胶质、沥青质不断堆积，形成重质组分在近井地带滞留，堵塞渗流通道，注汽启动压力高。

(3)有机无机复合堵塞造成的储层伤害。

(4)施工井身完整，井内的套管保证完好。现场施工时，需经过通井观察无障碍后方可作业。因采用井下低频水力脉冲振动器的直径尺寸为114mm，因此要保证所选取的作业井的套管直径大于114mm。

二、施工工艺

按照振动压力来选择采油树；根据作业层对应的地层深度对管柱组合进行合理的设计。对于层薄、吸水/汽层单一的井和多层注水/汽井，两者的解堵施工工艺有所不同。对于层薄、吸水/汽层单一的处理需保证振动器与吸水/汽层位相对应，长期进行化学脉冲复合式解堵；而多层注水/汽的井则需采用下放上提管柱或振动器的不同组合的方式，分别对注水/汽井的各作业层产生脉冲振动，以达到较好的解堵效果。图9-1为井下低频水力脉冲振动器结构示意图，图9-2为水力脉冲波协同化学剂解堵的施工管柱图。

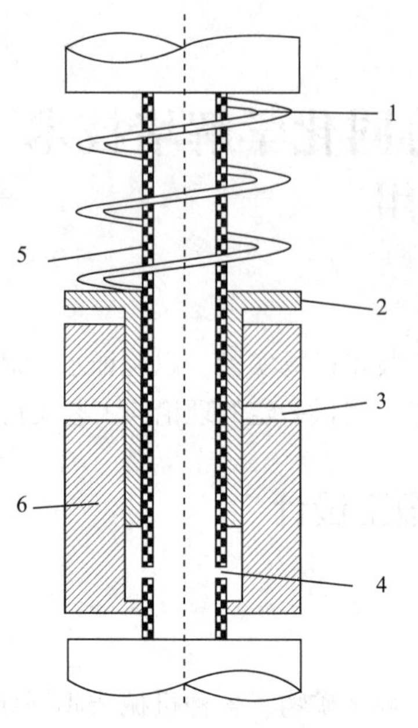

图 9-1　井下低频水力脉冲振动器结构示意图
1—弹簧；2—活塞；3—泄流孔；4—中心管小孔；
5—中心管；6—活塞缸外套筒

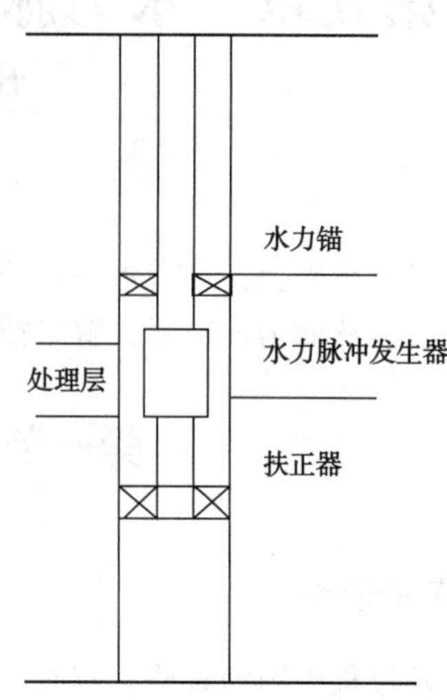

图 9-2　水力脉冲波协同化学解堵施工管柱图

基于水力脉冲波协同化学解堵的室内实验研究，井下低频水力脉冲振动器在现场作业时，其频率设定为10Hz，振幅设定为7cm；在现场作业前的试压过程中，需要对弹簧垫圈进行一定的调节，对水力脉冲振动器的启动压力值设定为5MPa。处理方式采用间歇式振动，每振动30min，停振5min，采取化学解堵剂(酸液或沥青质分散剂)和水力脉冲振动间歇式作业，以达到最佳的解堵效果。

三、现场施工工序

(1)在现场将水力脉冲振动解堵器、采油树闸门、高低压管汇安置连接好。

(2)在保证管线不发生刺漏的前提条件下，将地面管线排空，并进行现场试压35MPa。

(3)泵注流程(表 9-1)。

表 9-1　泵注流程表

施工顺序	液体流量/m^3	排量/(m^3/min)	备注
振动解堵	7.5	0.25	可依据实际情况调节液体排量及流量
停止振动 10min			
振动解堵	7.5	0.25	同上
停止振荡 10min			
在井口泄除压力，在对应层位进行上提或下放管柱			
脉冲解堵	7.5	0.25	同上

续表

施工顺序	液体流量/m^3	排量/(m^3/min)	备注
停止脉冲 10min			
振荡解堵	7.5	0.25	同上
停止振荡 10min			
停振、关泵、泄压、起出水力脉冲解堵所用管柱			

(4)开注前，按照有关要求进行大排量洗井 60m^3，通知注水/汽项目办公室，按相关规定进行下步施工工序。

(5)根据 HSE 作业指示文件严格执行施工工序。

第二节　现场施工与效果评价

一、现场施工

施工作业前，需要对水力振动器进行施压，以确定水力振动器的地下工作压力；通过采取调节弹簧垫圈的方式，改变水力振动器的启动压力。图 9-3、图 9-4 分别为井下低频水力脉冲振动器的现场实物图及试压图。

图 9-3　井下低频水力脉冲振动器实物图

图 9-4　现场试压图

施工作业时，将井下低频水力脉冲振动器与油管柱连接组装后，下放至预处理地层。解堵液首先经入口泵流入中心管，然后流至中心管与外套筒的环空中。随解堵液流量的不断增加，环空压力也逐渐增大，活塞随之向上运动；当泄流孔被冲开后会射出高压水流，高压水射流流至地层后，环空压力将急剧减小，活塞下落至初始位置，然后再次循环整个作业过程。

二、单井现场应用实例

矿场应用过程中首先结合预处理井的相关地质及生产资料，判断储层堵塞物类型及储层伤害程度，给出对应井的复合解堵措施，现场配套实施矿场应用实验，实验表明复合技术发挥了其优势，解堵效果显著。现通过以下 5 口井举例说明，分别为 Y1 井、Y2 井、X1 井、X2 井和 X3 井。

（一）Y1 井

该井投产于 2000 年 5 月，初期生产时含水率达 15%，日产油为 26t 左右；2001 年 11 月进行了检泵；2002 年 4 月 5 日采取酸化作业后，在起管柱时发现管柱发生了断脱，于 2002 年 4 月 8 日~4 月 16 日对其实施了大修，主要任务是打捞井内管柱。2007 年进行补孔、封堵、转注三大作业。直至 2009 年 7 月底，在实施措施前该井不吸水，其累计注入量达到 11353m^3。

2009 年 9 月，对 Y1 井采取了水力脉冲波-化学复合解堵的措施，在使用时将两个水力脉冲波发生器进行串联。施工过程中首先将油套环空放开，先对井使用活性水（45m^3）进行正循环纯振荡复合解堵作业，以确保水泥车的泵压值达到 4MPa。完成作业后，再进行振动式酸化。酸化时的初始泵压值为 30MPa，之后逐渐调节泵压降低至 28MPa、25MPa，最终确保泵压稳定在 23MPa 左右。结束施工后，开井试注，现场实验结果表明，注入量达到了配注要求的理论上限（0. 54m^3/h）且处于稳定状态，复合酸化解堵措施取得令人满意的成效。直至 2010 年 4 月，该井仍可达到配注要求，有效期长达到 7 个月之久，井的累计增注量为 3961m^3（图 9-5、图 9-6）。

Y1 井曾于 2007 年 8 月 28 日进行酸化，酸化无效，酸化后仍然注不进，与振动酸化效果对比如图 9-7 所示。

（二）Y2 井

Y2 井于 2003 年 12 月投产。2004 年 2 月、3 月、2005 年 12 月对该井进行了检泵作业。2004 年 4 月实施油层清蜡作业。2006 年 2 月实施了补孔下泵作业。2006 年 11 月采取补孔、转注作业。2008 年 4 月进行了冲砂作业。2008 年 9 月在未动管柱前提下进行酸化作业。目前，该井的状况是注不进水，其理论配注量达到 35m^3/d。直至 2009 年 7 月底，该井的累计注入量达到了 4. 5045×10^4 m^3，各项压力参数为泵压 25MPa、套压 25MPa 及油压 18MPa。

Y2 井于 2009 年 9 月采取了水力脉冲波-化学复合解堵的措施。将两个水力脉冲波发生器串联后，利用活性水（45m^3）对井采取纯振动式解堵，解堵时需将油套环空打开，要求水泥车的泵压达到 4~5MPa，同时需要对管柱进行下放，其原因是该井具有较多的射孔

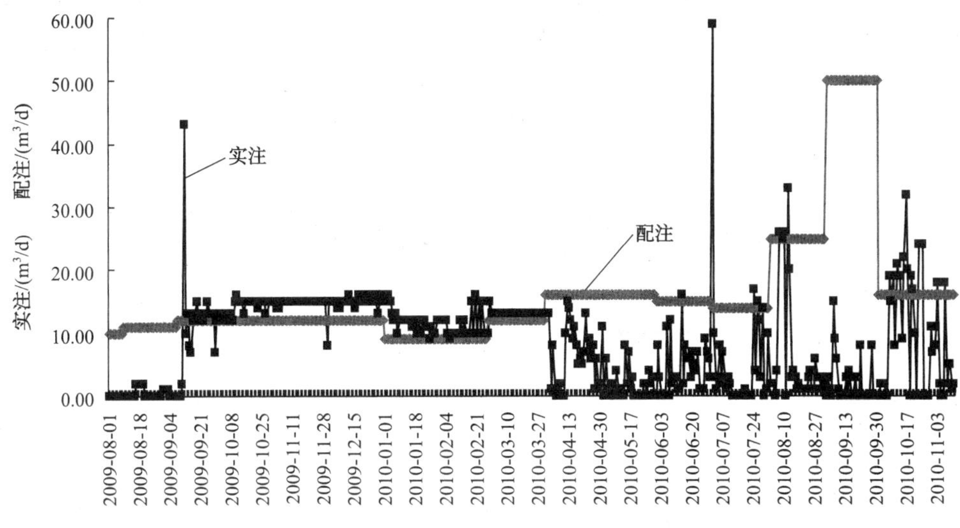

图 9-5　Y1 井的注水曲线变化图

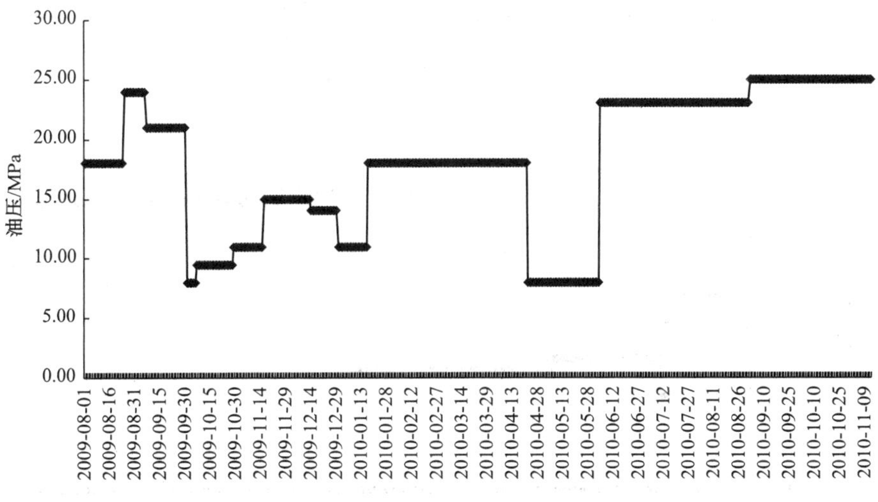

图 9-6　Y1 井油压变化曲线图

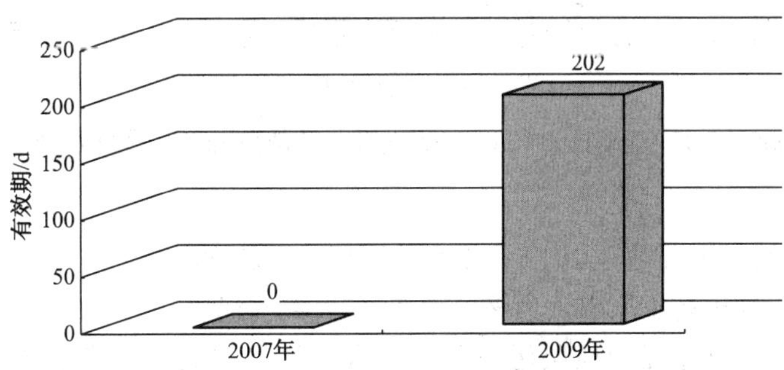

图 9-7　Y1 井实施酸化前后对比

层位。解堵结束时，需对井口进行安装，并开始实施脉冲多氢酸复合酸化措施，酸化时其初始的泵压为24MPa，随后将泵压调降至23MPa、20MPa，最终使其稳定在19MPa。结束脉冲-酸化解堵后，进行开井试注，试注效果良好。截至2010年4月，累计增注量7217m^3，Y2井仍能满足配注要求，且有效期大于6个月(图9-8、图9-9)。

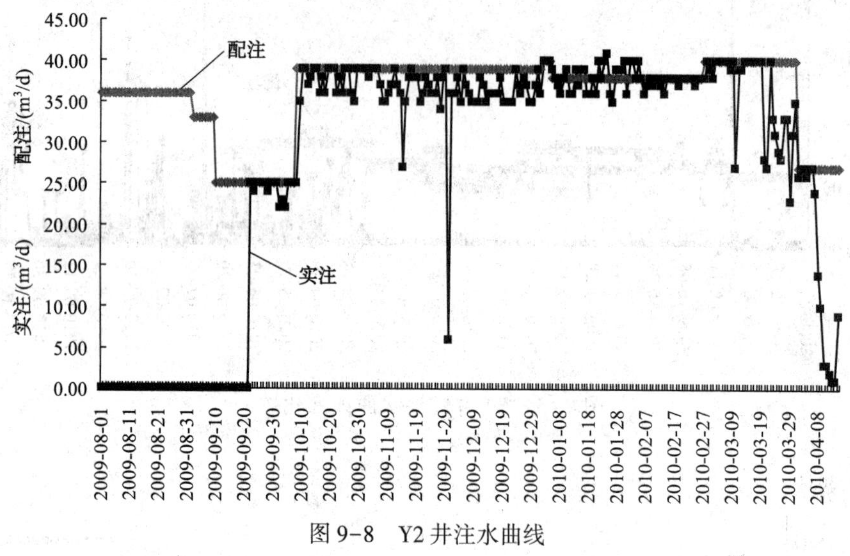

图9-8 Y2井注水曲线

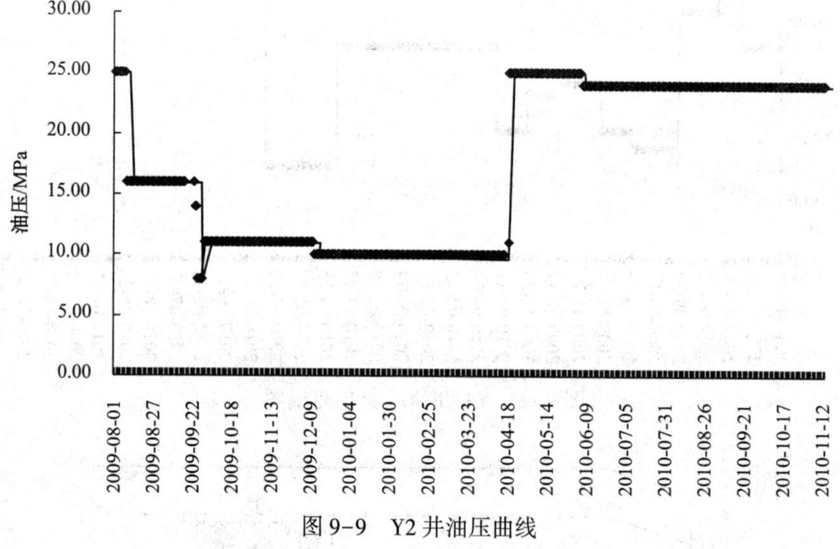

图9-9 Y2井油压曲线

Y2井曾于2008年9月26日进行过常规酸化，与振动酸化效果对比如图9-10所示。

(三)X1井

如表9-2所示，X1井截至2013年2月已开展2个轮次的注汽开发，在第2轮次的注汽压力为18MPa。分析高压原因认为该井为新井新层，且地层原始渗透率很高，泥质含量较高，由于钻井或作业过程中地层污染及黏土水化膨胀造成渗透率下降，从而导致注汽高压。

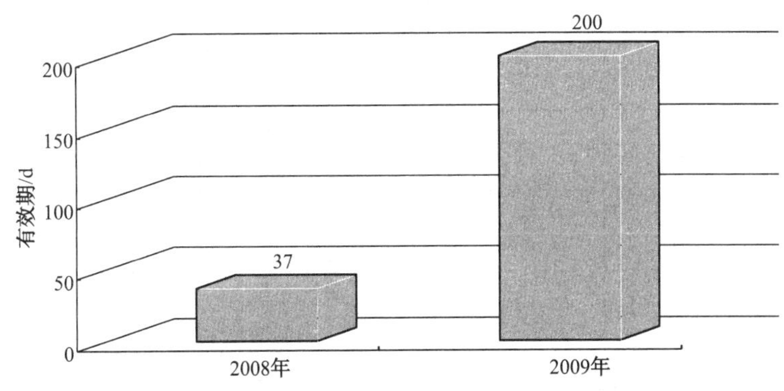

图 9-10　常规酸化与脉冲辅助酸化复合效果对比

针对 X1 井为新井新层以及黏土含量高引起的注汽高压，在 2014 年 1 月 2 日~1 月 6 日的注汽轮次开展前，在矿场实施了水力脉冲波协同多氢酸无机解堵的措施，以恢复堵塞地层渗透率。如表 9-3 所示，进行第 3 轮次的注汽生产时，注汽压力降为正常，周期采油情况良好，日产液产油增加。

(四) X2 井

X2 井截至 2013 年 4 月对 Ng62 层已开展 8 个轮次的注汽生产，对比可知在第 6 轮次和第 8 轮次，注汽压力均超过 18MPa(表9-4)，分析高压原因是由于该井原油黏度高，经过多轮次开采容易造成重质组分在地层中的沉积堆叠，堵塞油层孔隙，地层渗透性能下降，从而导致注汽高压。

针对 X2 井由于多轮次注汽后重质堆叠而造成的注汽高压，在 2014 年 4 月 22 日~5 月 9 日的注汽轮次中采取了水力脉冲波协同沥青质分散剂解堵的措施，井下稠油改质大幅降低原油黏度，如表 9-5 所示，目前注汽压力正常，注汽干度提高，日产油明显增大，周期采油情况良好。

(五) X3 井

X3 井自 2004 年 8 月~2013 年 1 月已开展注汽 6 个轮次，观察各轮次注汽压力大体呈逐渐升高的趋势，尤其是第 4 轮次以后，注汽压力均高于 19MPa(表 9-6)。分析注汽高压原因是原始地层渗透率为中等渗透率，原油黏度相对较高，故而原油流度低，且储层泥质含量高，注汽开采时启动压力梯度高，无机有机沉积复合堵塞孔隙喉道，使得渗透率下降，导致注汽压力较高。

针对 X3 井存在原油流度低且有机无机复合堵塞引起的注汽高压，在 2014 年 1 月~2 月的轮次注汽前采取了振动-酸化-沥青质分散剂三项复合解堵措施(表 9-7)，以解除近井地带死油环，降低原油黏度，有效降低注汽启动压力，该井有汽驱井 G1 对应，汽驱与吞吐同时见效，吞吐效果较好，峰值和周期产油量高，目前正常生产。

对 GD 采油厂稠油区块截至 2014 年 12 月，针对高压注汽井采用水力脉冲波协同化学解堵技术共配套实施 29 井次，措施后平均注汽压力由 18.6MPa 下降至 17.3MPa，平均注汽干度由 10.6%提高到 23.2%，平均注汽压力下降 1.3MPa，注汽干度上升 12.6%，现场达到了明显的降压效果。

表 9-2　X1 井高压原因分析数据表

周期	原油及地层物性				注汽情况							周期采油情况				
	层位	黏度/mPa·s	渗透率/$10^{-3}\mu m^2$	泥质含量/%	注汽日期	时间/h	注汽量/t	压力/MPa	温度/℃	干度/%	工艺	开关日期	周期产油/t	周期产水/t	含水/%	油汽比
1	Ngs64	1928	4545	18.51	2012-07-23~2012-07-24	37.5	232.4	13	328	60	CO_2	2012-09-24~2012-12-18	508	201	28.3	2.19
2	Ngs64	1928			2013-01-24~2013-01-31	158	1051.4	18	346	60	—	2013-02-22~2013-12-18	968	396	29	0.92

表 9-3　X1 井措施前后注汽生产情况对比表

周期	原油及地层物性					注汽情况							周期采油情况			
	层位	有效厚度/m	渗透率/$10^{-3}\mu m^2$	泥质含量/%	黏度/mPa·s	注汽日期	注汽压力/MPa	干度/%	温度/℃	流量/(t/h)	注汽量/t	工艺	开井日期	日产液/(t/d)	日产油/(t/d)	含水/%
2	Ngs64	54	4545	18.51	1928	2013-01-24~2013-01-31	18	60	346	6.7	1051.4	—	2013-02-22	1.2	0.9	26.5
3						2014-01-02~2014-01-06	17	70	332	6.2	557.7	振动酸化解堵	2014-01-27	2.6	1.0	62.2

表 9-4 X2 井高压原因分析数据表

周期	原油及地层物性					注汽情况						周期采油情况				
	层位	有效厚度/m	黏度/mPa·s	渗透率/$10^{-3}\mu m^2$	泥质含量/%	注汽日期	时间/h	注汽量/t	压力/MPa	温度/℃	干度/%	开关日期	周期产油/t	周期产水/t	含水/%	油汽比
1	Ng62	5.6	19176	2312	8.89	2002-12-12～2006-12-19		1226				未生产				0
2	Ng62	5.6	19176			2006-01-03～2006-01-13	236	1410	17.5	324	0	2006-02-14～2006-10-04	582	1541	72.6	0.41
3	Ng62	5.6	19176			2006-10-18～2006-10-27	211	1418	15	336	15.8	2006-11-23～2006-12-02	0	242	100	0
4	Ng62	5.6	6686			2007-10-17～2007-10-27	239	1412	17.5	343	0	2007-11-24～2009-04-17	1834	2830	60.7	1.3
5	Ng62	5.6	4982			2009-04-26～2009-05-06	227	1412	16	340	62.4	2009-05-20～2009-10-30	462	2164	82.4	0.33
6	Ng62	5.6				2009-11-20～2009-12-01	261	1647	18.7	337	36.2	2009-12-20～2011-05-22	1878	9770	83.9	1.14
7	Ng62	5.6	3872			2011-06-10～2011-06-17	176	1157	14.3	329	70.7	2011-07-09～2012-06-13	385	4862	92.7	0.33
8	Ng62	5.6	3872			2013-03-23～2013-04-03	278	1704	19.2	304	0	2013-04-25～2014-04-03	504	2161	81.1	0.3

表 9-5 X2 井措施前后注汽生产情况对比表

周期	原油及地层物性					注汽情况							周期采油情况			
	层位	有效厚度/m	渗透率/$10^{-3}\mu m^2$	泥质含量/%	黏度/mPa·s	注汽日期	注汽压力/MPa	干度/%	温度/℃	流量t/h	注汽量/t	工艺	开井日期	日产液t/d	日产油t/d	含水%
8	Ng62	5.6	2312	8.89	3872	2013-03-23～2013-04-03	19.2	0	304	6	1704	—	2013-04-25	3.2	0.7	79.1
9						2014-4-22～2014-05-09	15.5	71.4	332	6	2500	振动有机复合解堵	2014-05-27	22.6	4.9	78.4

表 9－6　X3 井高压原因分析数据表

周期	原油及地层物性				注汽情况							周期采油情况				
	层位	黏度/mPa·s	渗透率/$10^{-3}\mu m^2$	泥质含量/%	注汽日期	时间/h	注汽量/t	压力/MPa	温度/℃	干度/%	工艺	开关日期	周期产油/t	周期产水/t	含水/%	油汽比
1	Ng53	2870	614.45	9.71	2004－08－05～2004－08－14	211	1203	15.6	306	0	—	2004－09－03～2005－01－24	542	372	40.7	0.45
2	Ng53	5221			2005－02－18～2005－02－26	167.5	1059	19.5	311	0	—	2005－03－10～2008－04－18	917	2058	69.2	0.87
3	Ng53	3562			2009－12－20～2009－12－29	216.5	1407	16.1	347	70.8	CO_2	2010－01－09～2010－08－01	717	1017	58.7	0.51
									301	0	30	2010－09－11～2011－02－26				
4	Ng53	2411			2010－08－19～2010－08－30	245	1500	19.1	339.9	0	—	2011－04－13～2012－12－15	508	1674	76.7	0.34
5	Ng53	3801			2011－03－18～2011－03－25	223	1205	19.2	296	0	CO_2	2013－02－02～2013－11－06	1444	5363	78.8	1.2
6	Ng53	3801			2013－01－14～2013－01－24	227.5	1324	19.5	306		—	2013－12－19～	488	2187	81.8	0.37

表 9－7　X3 井措施前后注汽生产情况对比表

周期	原油及地层物性					注汽情况							周期采油情况			
	层位	有效厚度/m	渗透率/$10^{-3}\mu m^2$	泥质含量/%	黏度/mPa·s	注汽日期	注汽压力/MPa	干度/%	温度/℃	流量/(t/h)	注汽量/t	工艺	开井日期	日产液/(t/d)	日产油/(t/d)	含水/%
6	Ng53	2.5	614.45	9.71	3801	2013－01－14～2013－01－24	19.5	0	306	5.82	1324	—	2013－12－19	488	2187	81.8
7						2014－01－22～2014－02－01	17.6	64	311	6.11	1440	振动－酸化－有机复合解堵	2014－04－08	369	2053	84.8

第三节　本章小结

本章提出了水力脉冲波协同化学剂解堵技术的现场选井条件和施工工艺。现场实践应用表明，水力脉冲波协同化学剂解堵与常规单纯化学剂（酸液或有机解堵剂等）解堵相比，前者效果好且有效期长。

参 考 文 献

[1] 李伟翰，颜红侠，王世英，等．近井地带解堵技术研究进展[J]．油田化学，2005，22(4)：381-384.

[2] 马建国．油气藏增产新技术[M]．石油工业出版社，1998.

[3] 埃克诺米德斯著，张保平译．油藏增产措施(第三版)[M]．北京：石油工业出版社，2002.

[4] 赵海龙，兰艾芳，张俊，等．高压电脉冲化学剂联合解堵[J]．油田化学，1998(2)：113-115.

[5] 瓦希托夫．利用物理场从地层中开采石油[M]．北京：石油工业出版社，1993.

[6] 王萍，蒲春生，孟德嘉，等．国内外振动采油技术的研究及展望[J]．石油矿场机械，2005，34(5)：28-30.

[7] Green D W，Willhite G P. Enhanced Oil Recovery[M]. Kirk-Othmer Encyclopedia of Chemical Technology. 1998：149-164.

[8] 薛中天，扬卫宇．非常规采油增产方法研究现状及发展思路[J]．西安石油学院学报，1996(1)：15-18.

[9] Alvarado V，Manrique E. Enhanced Oil Recovery：An Update Review[J]. Energies，2010，3(9)：1529-1575.

[10] Thomas S. Enhanced Oil Recovery-An Overview[J]. Oil & Gas Science & Technology，2007，63(1)：9-19.

[11] 曾龙伟．物理法采油技术[M]．北京：石油工业出版社，2001.

[12] 伦纳德·卡尔法亚著，吴奇，邹洪岚，等译．酸化增产技术[M]．北京：石油工业出版社，2004.

[13] 王安仕，吴晋军．射孔-高能气体压裂复合技术研究[J]．西安石油学院学报，1997(4)：12-18.

[14] 石崇兵，李传乐．高能气体压裂技术的发展趋势[J]．西安石油大学学报(自然科学版)，2000，15(5)：17-20.

[15] 张建国，宋硕，马继业，等．一种自激式水力振荡器特性的研究及应用[J]．石油钻探技术，2009，37(5)：10-14.

[16] 牛世龙．水力振荡解堵技术的应用[J]．石油矿场机械，2002，31(4)：38-40.

[17] 蒲春生，石道涵，赵树山，等．大功率超声波近井处理无机垢堵塞技术[J]．石油勘探与开发，2011，38(2)：243-248.

[18] 楚泽涵，徐凌堂，高明，等．井下超声和高压放电——油井增产的有效措施[J]．特种油气藏，2008，15(1)：84-87.

[19] 王斌，常金萍，钱伟平．井下脉冲放电工艺在濮城油田的应用[J]．断块油气田，1999，06(6)：66-67.

[20] 魏新劳，付仲愈．一种用于油井解堵的低频电脉冲放电装置[P]．CN107124117A，2017.

[21] 何延龙，蒲春生，董巧玲，等．水力脉冲波协同多氢酸酸化解堵反应动力学模型[J].

石油学报, 2016, 37(4): 499-507.

[22] 何延龙, 蒲春生, 董巧玲, 等. 热采稠油油藏水力脉冲波地层微观解堵动力学研究[C]. 2015 油气田勘探与开发国际会议. 2015.

[23] 饶鹏. 低渗油藏水力脉冲波辅助深度酸化降压增注技术研究[D]. 青岛: 中国石油大学(华东), 2013.

[24] 吴飞鹏, 蒲春生, 许红星, 等. 一种水力脉冲辅助储层化学解堵实验装置及实验方法[P]. 中国: CN 101985875 B, 2013.

[25] 刘涛. 低渗透油藏注水井水力脉冲-化学深穿透解堵技术研究[D]. 中国石油大学, 2010.

[26] 田宇, 郭庆. 振动采油法处理油层技术综述[J]. 内蒙古石油化工, 2008, 34(16): 48-50.

[27] 王雷. 井下低频水力脉冲注水工具设计与研究[D]. 中国石油大学, 2009.

[28] 宋建平. 物理振动法处理油层技术综述[J]. 石油钻采工艺, 1993, 15(5): 082-86.

[29] 王萍. 水力振动采油技术研究及试验[J]. 低渗透油气田, 2007(1): 111-114.

[30] 路斌, 陈军. 喷注式水力振动处理油层技术的研究[J]. 水动力学研究与进展, 2003, 18(5): 633-637.

[31] Westermark R V, Brett J F, Maloney D R. Enhanced Oil Recovery with Downhole Vibration Stimulation[C]. SPE Production and Operations Symposium. 2001.

[32] 齐振林, 汪志明, 薛亮, 等. 水力振荡波在注水地层中的传播规律[J]. 石油钻采工艺, 2008, 30(1): 95-97.

[33] Huh C. Improved Oil Recovery by Seismic Vibration: A Preliminary Assessment of Possible Mechanisms[C]. International Oil Conference and Exhibition in Mexico. 2006.

[34] Guo X, Du Z, Li Z. Computer Modeling and Simulation of High Frequency Vibration Recovery Enhancement Technology in Low-Permeability Reservoirs[C]. Trinidad & Tobago Energy Resources Conference. Society of Petroleum Engineers, 2010.

[35] Iassonov P, Beresnev I. Mobilization of entrapped organic fluids by elastic waves and vibrations[J]. SPE Journal, 2008, 13(04): 465-473.

[36] Shu D O. High frequency vibration recovery enhancement technology in the heavy oil fields of China[J]. SPE Journal, 2004, 32(05): 382-394.

[37] Zhang L H, Peter H, Yun L, et al. Low Frequency Vibration Recovery Enhancement Process Simulation[J]. Oil Field, 1999: 307-315.

[38] Nikolaevskiy V N, Lopukhov G P, Yizhu L, et al. Residual oil reservoir recovery with seismic vibrations[J]. SPE Production & Facilities, 1996, 11(02): 89-94.

[39] Korneev V. Slow wave in fluid-filled fractures: What is missing in Biot´s Theory[J]. Seg Technical Program Expanded Abstracts, 1949, 26(1): 3124.

[40] Spanos P D. A Useful Integral for Random Vibration Analysis[J]. Ind. eng. chem, 1961 (9): 133A.

[41] Spanos P T D, Chen T W. Linearization Equations for Vibration Induced by Oscillatory

Flow[J]. Journal of Applied Mechanics, 1979, 46(4): 207-214.
[42] Han G, Bruno M, Dusseault M. Dynamically Modelling Rock Failure in Percussion Drilling[J]. 2005.
[43] Dusseault M B. New Oil Production Technologies[J]. 2003.
[44] 董巧玲. 稠油注汽井水力脉冲波协同化学解堵动力学机理研究[D]. 青岛: 中国石油大学(华东), 2015.
[45] 谢敏, 许建国, 张凤, 等. 新型水力喷射解堵技术在吉林油田的应用[C]// 吉林省科学技术学术年会. 2010: 63-64.
[46] 蒲春生, 时宇. 井下低频水力振动器的工作特性研究[J]. 石油矿场机械, 2005, 34(6): 23-27.
[47] 吴飞鹏, 张更, 蒲春生. 一种水力脉冲驱油实验装置及实验方法[P]. 中国: CN 101975053 A. 2011.
[48] 李旭. 井下自激振动采油技术理论与实验研究[D]. 中国石油大学, 2008.
[49] 张人雄, 向阳, 宋建平. 低频脉冲声波技术处理油层效果[J]. 石油勘探与开发, 2001, 28(5): 88-90.
[50] 张建国, 刘全国, 甄思广. 低频水力振动器解堵原理及现场应用[J]. 中国石油大学学报(自然科学版), 2003, 27(5): 47-49.
[51] 李常友. 胜利油田注水井增注技术新进展[J]. 石油与天然气化工, 2014, 43(1): 73-77.
[52] 董海生. 疏松砂岩油藏压力脉冲解堵防砂技术研究[D]. 中国石油大学, 2010.
[53] 梁春. 水力脉冲解堵技术研究与应用[J]. 科技信息, 2010(5): 60-60.
[54] 薛玲, 张伟杰, 程启生, 等. 滑阀式水力振动器的研究与应用[J]. 石油钻采工艺, 2002, 24(1): 74-75.
[55] 王瑞飞, 孙卫, 岳湘安, 等. 低频波在油层中衰减系数预测模型的实验研究[J]. 石油学报, 2005, 26(6): 90-92.
[56] 王瑞飞, 孙卫, 张荣军, 等. 井下低频振动提高原油采收率技术研究[J]. 西北大学学报: 自然科学版, 2006, 36(3): 457-460.
[57] 王瑞飞, 陈明强. 油藏介质条件下的声学性质[J]. 大庆石油地质与开发, 2008, 27(5): 89-92.
[58] 贺如, 贺莳. 低频水力振动在油层中的传播特性[J]. 东北石油大学学报, 2006, 30(3): 122-125.
[59] 张荣军, 蒲春生, 董正远. 振动条件下地层流体渗流的数学模型[J]. 石油学报, 2004, 25(5): 80-83.
[60] 刘洪军. 水力冲击法解堵的研究及应用[J]. 石油钻采工艺, 1999, 21(5): 100-103.
[61] 张光伟, 常连吉. 油层微孔隙内流体在水力振动器作用下动态特性的研究[J]. 钻采工艺, 1996(3): 29-33.
[62] 梁春, 李庆, 焦亚凤. 水力振动法处理油层技术的研究与应用[J]. 大庆石油地质与开发, 2006, 25(2): 65-67.

[63] 蒲家宁，高松竹，陈明．空气室位置对脉冲水射流的影响[J]．西南石油大学学报(自然科学版)，2006，28(2)：89-91.

[64] Mccune C C, Fogler H S, Cunningham J R, et al. A New Model of the Physical and Chemical Changes in Sandstone During Acidizing[J]. Society of Petroleum Engineers Journal, 1975, 8(15): 361-370.

[65] Hill A D, Lindsay D M, Silberberg I H, et al. Theoretical and Experimental Studies of Sandstone Acidizing[J]. Society of Petroleum Engineers Journal, 1981, 21(1): 30-42.

[66] Lund K, Fogler H S, Mccune C C. Predicting the flow and reaction of HCl/HF acid mixtures in porous sandstone cores[J]. Society of Petroleum Engineers Journal, 1976, 16(16): 248-260.

[67]金友煌，蒋华义．振动采油机理的微观试验研究[J]．石油钻采工艺，1997(a12)：32-35.

[68] Labrid J C. Thermodynamic and Kinetic Aspects of Argillaceous Sandstone Acidizing[J]. Society of Petroleum Engineers Journal, 1975, 15(2): 117-128.

[69] Hekim Y, Fogler H S. Acidization—VI: On the equilibrium relationships and stoichiometry of reactions in mud acid[J]. Chemical Engineering Science, 1977, 32(1): 1-9.

[70] Gdanski R D. Kinetics of the primary reaction of HF on alumino-silicates[J]. SPE Production & Facilities, 2000, 15(04): 279-287.

[71] Gdanski R. Kinetics of tertiary reaction of HF on alumino-silicates[C]. International symposium on formation damage control. 1996: 33-39.

[72] 樊勇．砂岩酸化反应动力学及酸液在多孔介质中穿透距离[D]．西南石油学院开发系，1987.

[73] 张黎明，任书泉．硅质岩石矿物在土酸中溶解动力学机理模型[J]．油田化学，1996(2)：120-124.

[74] 王宝峰．砂岩基质酸化中 HF 与石英的反应动力学[J]．西安石油大学学报(自然科学版)，2000，15(4)：52-55.

[75] 刘德新，岳湘安，汪龙梅，等．河砂颗粒与缓速土酸的反应动力学模型[J]．西安石油大学学报(自然科学版)，2006，21(4)：68-71.

[76] Schechter R S, Gidley J L. The change in pore size distribution from surface reactions in porous media[J]. AIChE Journal, 1969, 15(3): 339-350.

[77] Williams B B, Whiteley M E. Hydrofluoric acid reaction with a porous sandstone[J]. Soc. Pet. Eng. J, 1971: 306-314.

[78] Hill A D, Lindsay D M, Silberberg I H, et al. Theoretical and experimental studies of sandstone acidizing[J]. SPEJ, 1981, 21(1): 30-42.

[79] Labrid J C. Thermodynamic and kinetic aspects of argillaceous sandstone acidizing[J]. Society of Petroleum Engineers Journal, 1975, 15(02): 117-128.

[80] Daccord G, Lenormand R, Lietard O. Chemical dissolution of a porous medium by a reactive fluid—I. Model for the "wormholing" phenomenon[J]. Chemical Engineering

Science, 1993, 48(1): 169-178.

[81] Hekim Y, Fogler H S. On the movement of multiple reaction zones in porous media[J]. AIChE Journal, 1980, 26(3): 403-411.

[82] Taha R, Hill A D, Sepehrnoori K. Simulation of sandstone-matrix acidizing in heterogeneous reservoirs[J]. Journal of Petroleum Technology, 1986, 38(07): 753-767.

[83] 赵立强，任书泉．砂岩多层油藏基质酸化效果预测[J]．石油钻采工艺，1991，13(2)：53-62.

[84] Bryant S L. An improved model of mud acid/sandstone chemistry[C]. SPE Annual Technical Conference and Exhibition. Society of Petroleum Engineers, 1991.

[85] Walsh M P, Lake L W, Schechter R S. A Description of Chemical Precipitation Mechanisms and Their Role in Formation Damage During Stimulation by Hydrofluoric Acid[J]. Journal of Petroleum Technology, 1982, 34(9): 2097-2112.

[86] Liu Y, Liu H, Zhou W, et al. A Novel Separate Zone and Zero-Discharge Acidizing[C]. International Petroleum Technology Conference, 2005.

[87] Sevougian S D, Lake L W, Schechter R S. A new geochemical simulator to design more effective sandstone acidizing treatments[J]. SPE Production & Facilities, 1995, 10(01): 13-19.

[88] Sevougian S D, Lake L W, Schechter R S. A New Geochemical Simulator To Design More Effective Sandstone Acidizing Treatments[J]. SPE Production & Facilities, 1995, 10(1): 13-19.

[89] Ziauddin M, Berndt O, Robert J. An improved sandstone acidizing model: The importance of secondary and tertiary reactions[C]. European formation damage conference. 1999: 225-237.

[90] Hirschberg A, DeJong L N J, Schipper B A, et al. Influence of temperature and pressure on asphaltene flocculation[J]. Old SPE Journal, 1984, 24(3): 283-293.

[91] Kabir C S, Jamaluddin A K M. Asphaltene characterization and mitigation in south Kuwait´s Marrat reservoir[C]. Middle East Oil Show and Conference. 1999: 1-9.

[92] Gupta A K. A model for asphaltene flocculation using an equation of state[M]. Chemical and Petroleum Engineering, University of Calgary, 1986, 79-79.

[93] Thomas FB, Bennion DB, Bennion DM. Experimental and theorctical studies of solids precipitation from reservoir fluid[J]. The joumal of canadian petroleum technology , 1992, 31(1): 22-31.

[94] Leontaritis K J, Mansoori G A. Asphaltene flocculation during oil production and processing: A thermodynamic collodial model[C]. SPE 16258, 1987: 149-158.

[95]王子军．石油沥青质的化学和物理：Ⅱ沥青质的化学组成和结构[J]．石油沥青，1996(1)：26-36.

[96] Chung T H. Thermodynamic modeling for organic solid precipitation[C]. SPE 24851, 1992, 869-878.

[97] Zhou X, Thomas F B, Moore R G. Modelling of solid precipitation from reservoir fluid[J]. Journal of Canadian Petroleum Technology, 1996, 35(10): 37-45.

[98] Collins S H, Melrose J C. Adsorption of asphaltenes and water on reservoir rock minerals[C]. SPE Oilfield and Geothermal Chemistry Symposium. Society of Petroleum Engineers, 1983.

[99] Buckley J. Wetting alteration of solid surfaces by crude oil and Their asphltendes[J]. Oil&Gas Science and Technology, 1998, 53(3): 303-312.

[100] Nellensteyn F J. Theoretical aspect of the relation of bitumen of solid matter [J]. World Petroleum Congress, 1933. 35: 332-338.

[101] 于维钊, 乔贵民, 张军, 等. 沥青质在石英表面吸附行为的分子动力学模拟[J]. 石油学报(石油加工), 2012, 28(1): 76-82.

[102] 张磊, 李传, 阙国和. 石油沥青质的吸附行为——Ⅰ吸附机理及研究方法[J]. 石油沥青, 2007, 21(5): 23-28.

[103] 丁福臣, 魏洁, 王宇航, 等. 石油沥青质胶体分散特性的研究[J]. 石油化工高等学校学报, 2001, 14(3): 7-9.

[104] 鞠斌山, 栾志安, 邱晓燕, 等. 近井带有机伤害解除的数值模拟[J]. 石油学报, 2001, 22(4): 66-71.

[105] 张荣军, 蒲春生, 聂翠平, 等. 振动-酸压复合增产技术[J]. 天然气工业, 2004, 24(9): 72-74.

[106] 张建国, 楚子星, 郭建卿, 等. 水气脉冲波复合化学解堵技术[J]. 油气地质与采收率, 2007, 14(5): 101-103.

[107] 董智涛. 低产低效油水井振动解堵技术[J]. 油气田地面工程, 2009, 28(6): 41-42.

[108] 饶鹏, 蒲春生, 刘涛, 等. 水力脉冲-化学复合技术在青海尕斯油田的应用[J]. 陕西科技大学学报(自然科学版), 2013, 31(2): 80-84.

[109] 罗洁. 稠油振动降压注汽工艺技术研究[D]. 中国石油大学, 2011.

[110] 吴荷香, 宋秉忠, 李家明, 等. 偏心分注水力声波解堵增注技术[J]. 石油钻采工艺, 2001, 23(5): 71-73.

[111] 张建国, 宋硕, 马继业, 等. 一种自激式水力振荡器特性的研究及应用[J]. 石油钻探技术, 2009, 37(5): 10-14.

[112] Ohashi H E. Vibration and oscillation of hydraulic machinery [M]. Avebury Technical, 1991.

[113] Guo X, Du Z, Li G, et al. High Frequency Vibration Recovery Enhancement Technology in the Heavy Oil Fields of China[J]. 2004.

[114] 康美娟, 蒲春生. 复合振动增产增注技术的研究与展望[J]. 石油矿场机械, 2007, 36(11): 77-79.

[115] Streeter, VictorL. Handbook of fluid dynamics[M]. 1961.

[116] Khilar K C. Fogler HS. Migrations of Fines in PorousMedia[M]. Kluwer Academic Publishers, 1998.

[117] 张三慧．大学物理学(第二册)[M]．北京：清华大学出版社，1991.
[118] 王敏中，王炜，武际可．弹性力学教程(修订版)[M]．北京：北京大学出版社，2011.
[119] 徐芝纶．弹性力学·上册(第2版)[M]．北京：人民教育出版社，1982.
[120] 蒲春生，王香增．复杂油藏波场强化开采理论与技术[M]．北京：石油工业出版社，2014.
[121] 赵凯华．波叠加时的能量伴谬[J]．物理与工程，2008，18(5)：2-4.
[122] 陶宗明，聂淼，储德林．相向传播的两列简谐波叠加时能量问题的研究[J]．大学物理，2012，31(11)：11-13.
[123] Ramachandran V，Fogler HS. Plugging by hydrodynamic bridging during flow of stable colloidal particles within cylindrical pores[J]. Journal of Fluid Mechanics，1999 (385)：129-156.
[124] Hubbe M A. Theory of detachment of colloidal particles from flat surfaces exposed to flow [J]. Colloids and Surfaces，1984，12：151-178.
[125] Kuster G T，Toksöz M N. Velocity and attenuation of seismic waves in two-phase media：Part I. Theoretical formulations[J]. Geophysics，1974，39(5)：587-606.
[126] Tina. 扫描电镜在石油地质上的应用[M]．北京：石油工业出版社，1990.
[127] 张黎明，任书泉．酸溶蚀前后砂岩颗粒表面特征的分形分析[J]．石油钻采工艺，1994(5)：96-97.
[128] 张黎明．关于酸化领域复杂问题的分形与分维研究[J]．石油钻采工艺，1993，15(3)：52-59.
[129] 张黎明．复杂化学活性固体表面研究的分形几何方法[J]．石油与天然气化工，1993(1)：10-15.
[130] Mandelbrot B B. The fractal geometry of nature/Revised and enlarged edition[J]. New York，WH Freeman and Co.，1983，495.
[131] Tekin T. Use of ultrasound in the dissolution kinetics of phosphate rock in HCl[J]. Hydrometallurgy，2002，64(3)：187-192.
[132] Abali Y，Çolak S，Yartaşi A. Dissolution kinetics of phosphate rock with C_{12} gas in water [J]. Hydrometallurgy，1997，46(1)：13-25.
[133] 陶东平．粗糙表面化学反应动力学模型[J]．金属学报，2001，37(10)：1073-1078.
[134] 张丽娜，智卫东，许勇．井下低频振动解堵技术在孤东油田的应用效果分析[J]．石油天然气学报，2003，25(s2)：116-117.
[135] 苗晓明，郑立功，陈刚．低频声波振动采油技术在低渗透油田适应性探讨[J]．中外能源，2010，15(12)：57-59.
[136] 祖凯，郭建春．蒙脱石与土酸、多氢酸反应对比实验研究[J]．油田化学，2012，29(1)：83-85.
[137] 李松岩，李兆敏，李宾飞．砂岩基质酸化中酸岩反应数学模型[J]．中国矿业大学学报，2012，41(2)：236-241.

[138] SH/T0266-1992，石油沥青质含量测定法[S].

[139] MARCZEWSKI A W，SZYMULA M. Adsorption of asphaltenes from toluene on mineral surface[J]. Colloids & Surfaces A Physicochemical & Engineering Aspects，2002，208(1)：259-266.

[140] BEHBAHANI T J，TAGHIKHANI V，GHOTBI C，et al. A new model based on multilayer kinetic adsorption mechanism for asphaltenes adsorption in porous media during dynamic condition[J]. Fluid Phase Equilibria，2014，375(6)：236-245.

[141] BUCJLEY J S. Asphaltene Deposition[J]. Energy & Fuels，2012，26(7)：4086-4090.

[142] 何延龙，佘跃惠，蒲春生，等．伊朗北阿扎德干油田沥青质沉积特征[J]. 西安石油大学学报(自然科学版)，2014，29(2)：1-7.

[143] 徐春明，刘洋，赵锁奇，等．石油沥青质中杂原子化合物的高分辨质谱分析[J]. 中国石油大学学报：自然科学版，2013，37(5)：190-195.

[144] 李永太，范登洲，史玮平，等．稠油胶质沥青分散解堵剂性能评价与现场应用[J]. 西安石油大学学报(自然科学版)，2010，25(2)：51-53.

[145] 王继乾，李传，张龙力，等．双亲分子稳定辽河沥青质的作用及其机理[J]. 石油学报(石油加工)，2010，26(2)：283-288.

[146] 王业飞，徐怀民，齐自远，等．原油组分对石英表面润湿性的影响与表征方法[J]. 中国石油大学学报(自然科学版)，2012，36(5)：155-159.

[147] Aharoni C，Levinson S. Kinetics of Soil Chemical Reactions：Relationships between Empirical Equations and Diffusion Models[J]. Soil Science Society of America Journal，1991，55(5)：1307-1312.

[148] 喻艳红，李清曼，张桃林，等．红壤中低分子量有机酸的吸附动力学[J]. 土壤学报，2011，48(1)：202-206.

[149] Chang M Y，Juang R S. Adsorption of tannic acid，humic acid，and dyes from water using the composite of chitosan and activated clay[J]. Journal of Colloid and Interface Science，2004，278：18-25.

[150] MOHAMMADI M，SHAHRABI M J A，SEDIGHI M. The Prediction of Asphaltene Adsorption Isotherm Constants on Mineral Surfaces[J]. Petroleum Science & Technology，2014，32(7)：870-877(8).

[151] 喻艳红，李清曼，张桃林，等　红壤中低分子量有机酸的吸附动力学[J]. 土壤学报，2011，48(1)：202-206.

[152] 刘霄，黄岁樑，刘学功．三种人工湿地填料对磷的吸附特性研究[J]. 水资源与水工程学报，2011，22(6)：16-19.

[153] ADAMS J J. Asphaltene Adsorption，a Literature Review[J]. Energy & Fuels，2014，28(5)：2831-2856.

[154] Labrid J C. Thermodynamic and Kinetic Aspects of Argillaceous Sandstone Acidizing[J]. Society of Petroleum Engineers Journal，1975，15(2)：117-128.